农作物重大病虫害监测预警工作年报

2018

全国农业技术推广服务中心

中国农业出版社
北　京

图书在版编目（CIP）数据

农作物重大病虫害监测预警工作年报．2018／全国农业技术推广服务中心编．—北京：中国农业出版社，2019.10

ISBN 978-7-109-26019-1

Ⅰ.①农… Ⅱ.①全… Ⅲ.①作物－病虫害预测预报－中国－2018－年报 Ⅳ.①S435-54

中国版本图书馆CIP数据核字（2019）第223563号

中国农业出版社出版
地址：北京市朝阳区麦子店街18号楼
邮编：100125
责任编辑：阎莎莎 张洪光 文字编辑：肖杨
版式设计：韩小丽 责任校对：周丽芳
印刷：中农印务有限公司
版次：2019年10月第1版
印次：2019年10月北京第1次印刷
发行：新华书店北京发行所
开本：880mm × 1230mm 1/16
印张：8.5
字数：250千字
定价：88.00元

编辑委员会

目录

目录

全国农作物重大病虫害发生概况与分析

2018年全国水稻主要病虫害发生概况与分析

1 发生概况

2018年全国水稻病虫害总体中等发生，轻于2017年和常年。全国发生面积7 218万hm^2次，是1995年以来发生面积最少的，比2017年减少10.2%，比2011—2017年平均值减少21.9%；造成实际损失288万t，比2017年减少13.2%，比2011—2017年平均值减少28.9%（图1）。其中虫害重于病害，虫害发生面积4 860万hm^2次，病害发生面积2 358万hm^2次，分别比2017年减少11.9%、6.5%。发生种类以稻飞虱、稻纵卷叶螟、二化螟、水稻纹枯病、稻瘟病、稻曲病、水稻病毒病、水稻细菌性病害为主，其中二化螟、水稻纹枯病偏重发生，稻飞虱、稻纵卷叶螟中等发生，稻瘟病、稻曲病、水稻病毒病、水稻细菌性病害偏轻发生。

稻飞虱总体中等发生，轻于2017年和常年。其中，西南东北部稻区偏重发生，渝南、渝中局部大发生，是近5年来发生程度最重的；华南、江南、西南南部和西北部、长江中游稻区中等发生；长江下游和江淮稻区偏轻发生，是近10年来最轻的。全国累计发生面积1 692万hm^2次，防治面积2 198万hm^2次，挽回水稻产量损失449万t，造成实际损失50万t；比2017年分别减少14.0%、16.6%、18.8%、10.3%；比2011—2017年平均值分别减少31.6%、36.1%、48.2%、42.5%（图2）。

稻纵卷叶螟总体中等发生，轻于2017年和常年。其中，长江下游稻区偏重发生，江苏沿太湖、沿江局部大发生；华南东部、江南大部、西南北部和长江中游稻区中等发生，西南南部和江淮稻区偏轻

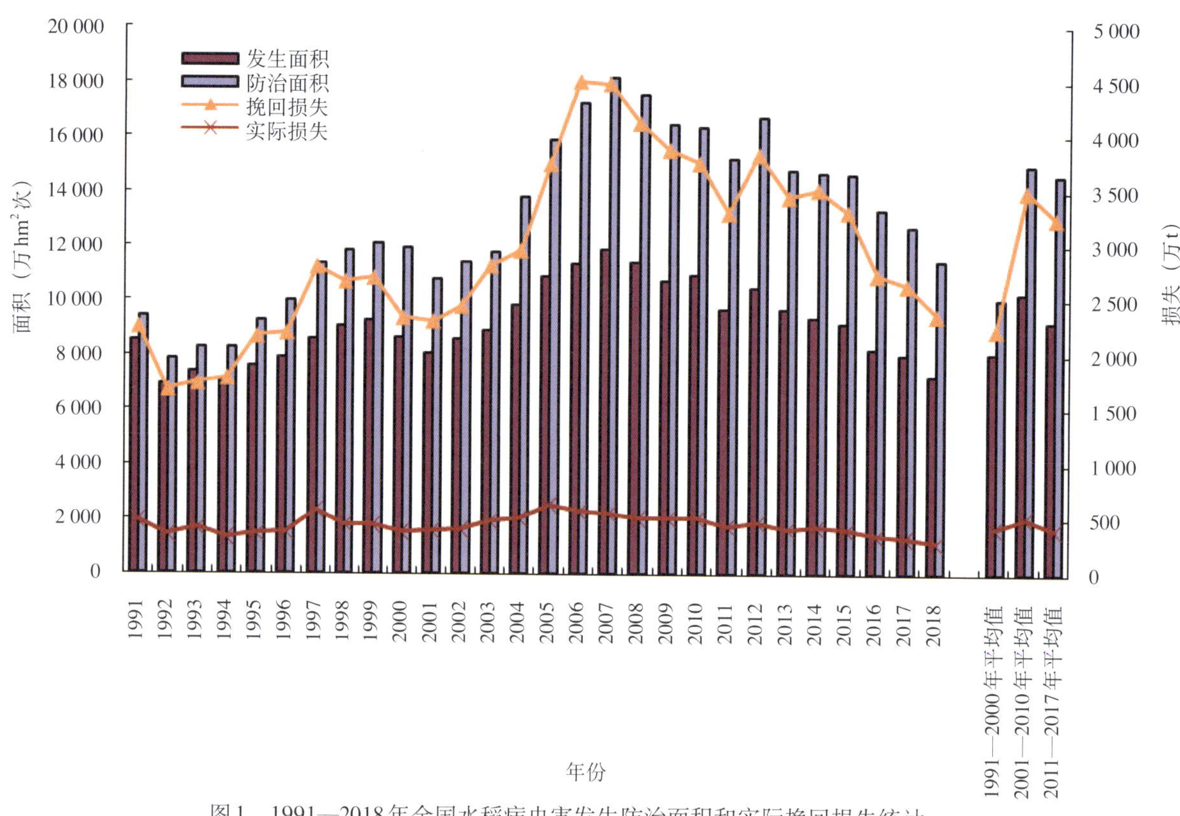

图1　1991—2018年全国水稻病虫害发生防治面积和实际挽回损失统计

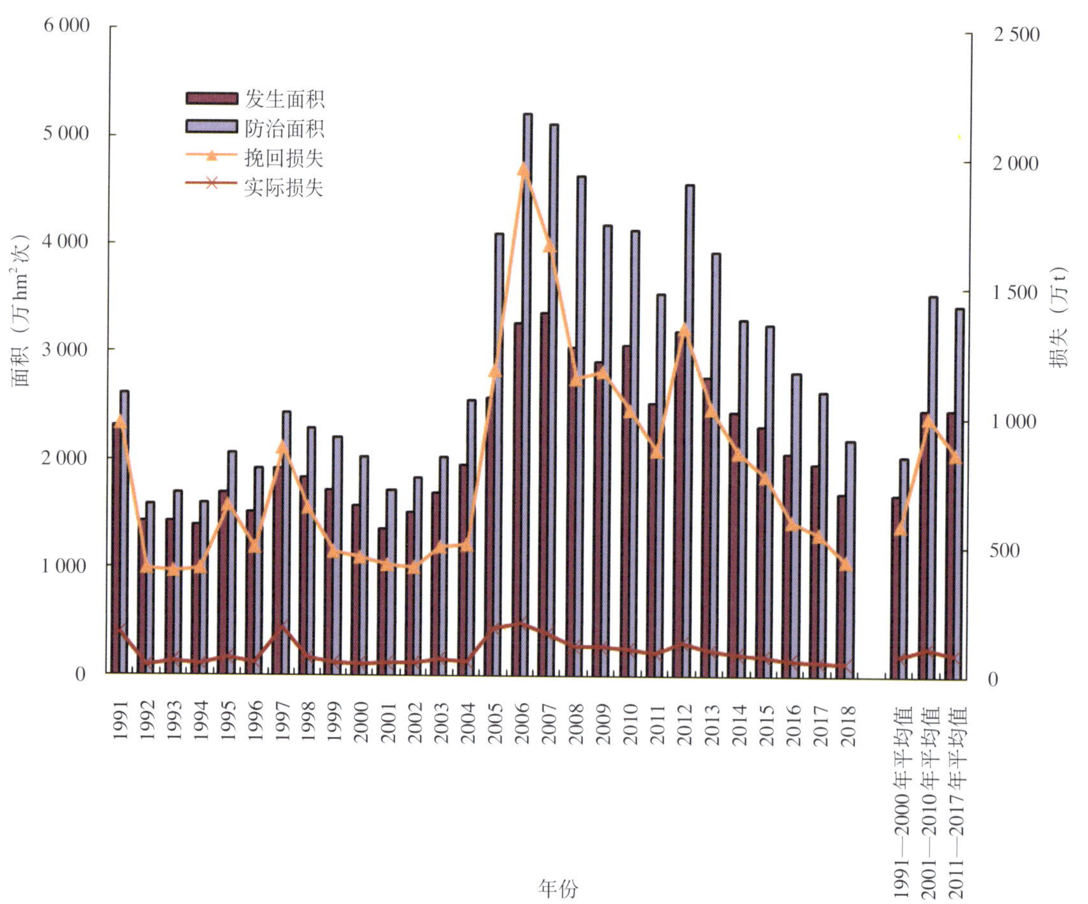

图2　1991—2018年全国稻飞虱发生防治面积和实际挽回损失统计

发生。与2017年同期相比，西南北部重于2017年，其余稻区轻于2017年。全国累计发生面积1 186万hm^2次，防治面积1 509万hm^2次，挽回水稻产量损失291万t，造成实际损失30万t；比2017年分别减少14.1%、17.3%、14.9%、15.2%；比2011—2017年平均值分别减少24.0%、28.2%、33.5%、39.0%（图3）。

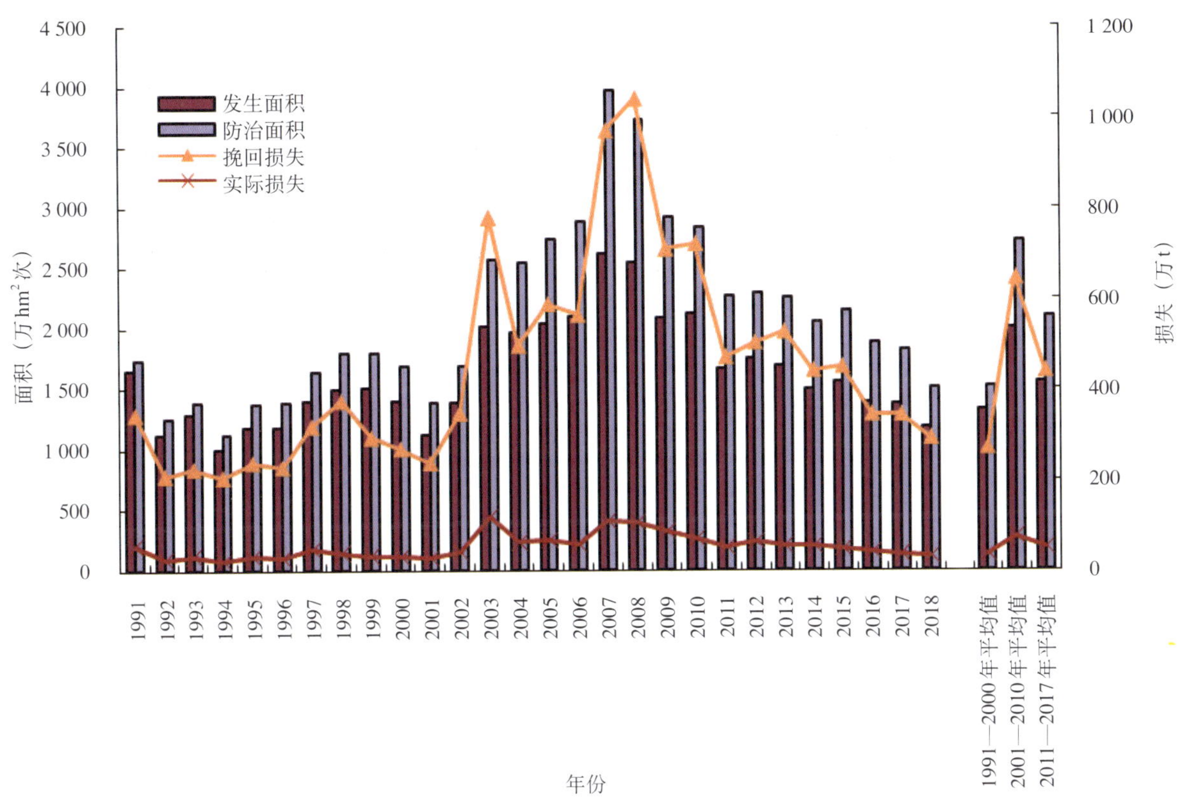

图3　1991—2018年全国稻纵卷叶螟发生防治面积和实际挽回损失统计

二化螟总体偏重发生，轻于2017年，重于常年。其中，江南、西南北部和长江中游稻区偏重发生，湖南衡阳、株洲和邵阳局部大发生；华南北部、长江下游、江淮和东北南部稻区中等发生，华南西南部、西南南部、东北北部稻区偏轻发生。全国累计发生面积1 281万hm^2次，防治面积1 834万hm^2次，挽回水稻产量损失446万t，造成实际损失49万t；比2017年分别减少2.8%、4.1%、4.7%、20.3%；与2011—2017年平均值相比，挽回损失增加2.1%，累计发生面积、防治面积、实际损失分别减少6.9%、4.9%、15.9%（图4）。

水稻纹枯病总体偏重发生，轻于2017年和常年。其中，华南大部、江南、西南北部、长江中下游稻区偏重发生，局部大发生；江淮、东北稻区中等发生，西南南部稻区偏轻发生。全国累计发生面积1 547万hm^2，是2005年以来发生面积最少的，防治面积2 255万hm^2，挽回水稻产量损失668万t，造成实际损失86万t；比2017年分别减少5.4%、6.1%、7.3%、9.5%；比2011—2017年平均值分别减少11.7%、16.9%、17.2%、19.3%（图5）。

稻瘟病总体偏轻发生，是1991年以来最轻的。其中，西南稻区中等发生，华南、江南、长江中下游、江淮和东北稻区偏轻发生，湖南攸县、岳阳、平江局部偏重发生，个别田块绝收。全国累计发生面积298万hm^2次，防治面积1 472万hm^2次，挽回水稻产量损失213万t，造成实际损失24万t；与2017年相比，防治面积增加5.2%，累计发生面积、挽回损失、实际损失分别减少12.5%、16.8%、20.7%；与2011—2017年平均值相比，累计发生面积、防治面积、挽回损失、实际损失分别减少31.5%、3.9%、33.0%、42.6%（图6）。

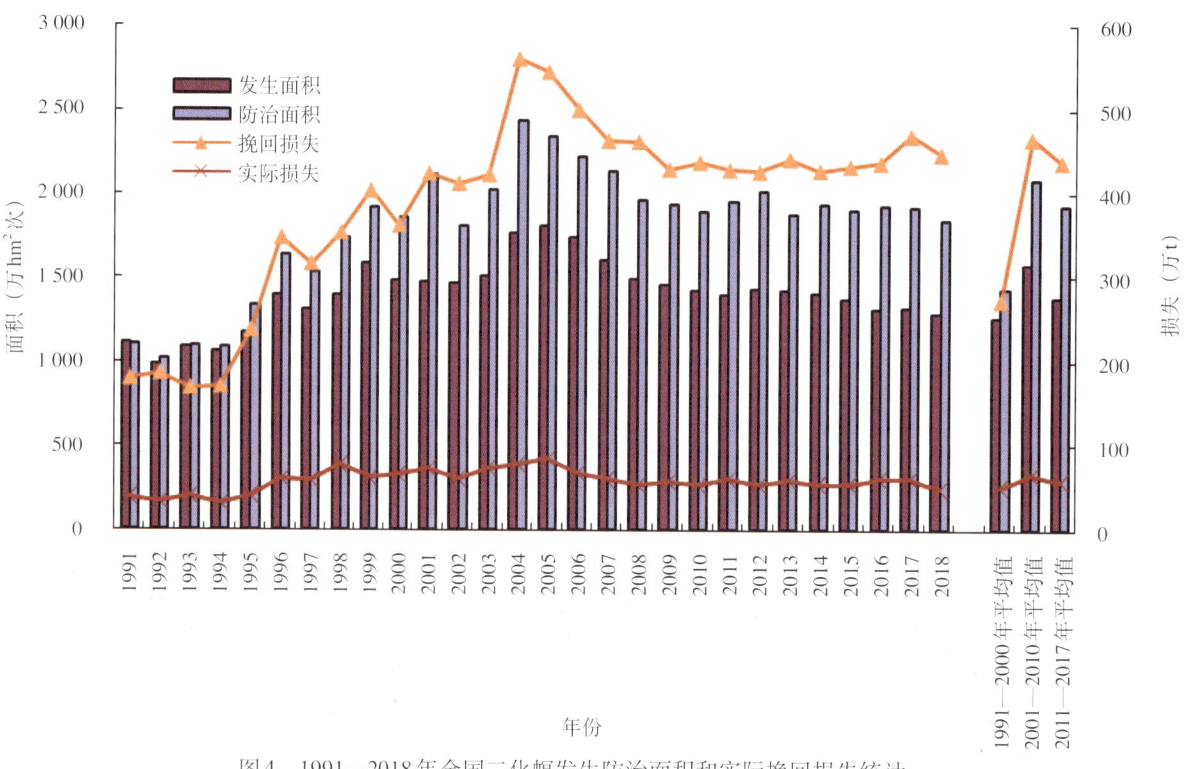

图4 1991—2018年全国二化螟发生防治面积和实际挽回损失统计

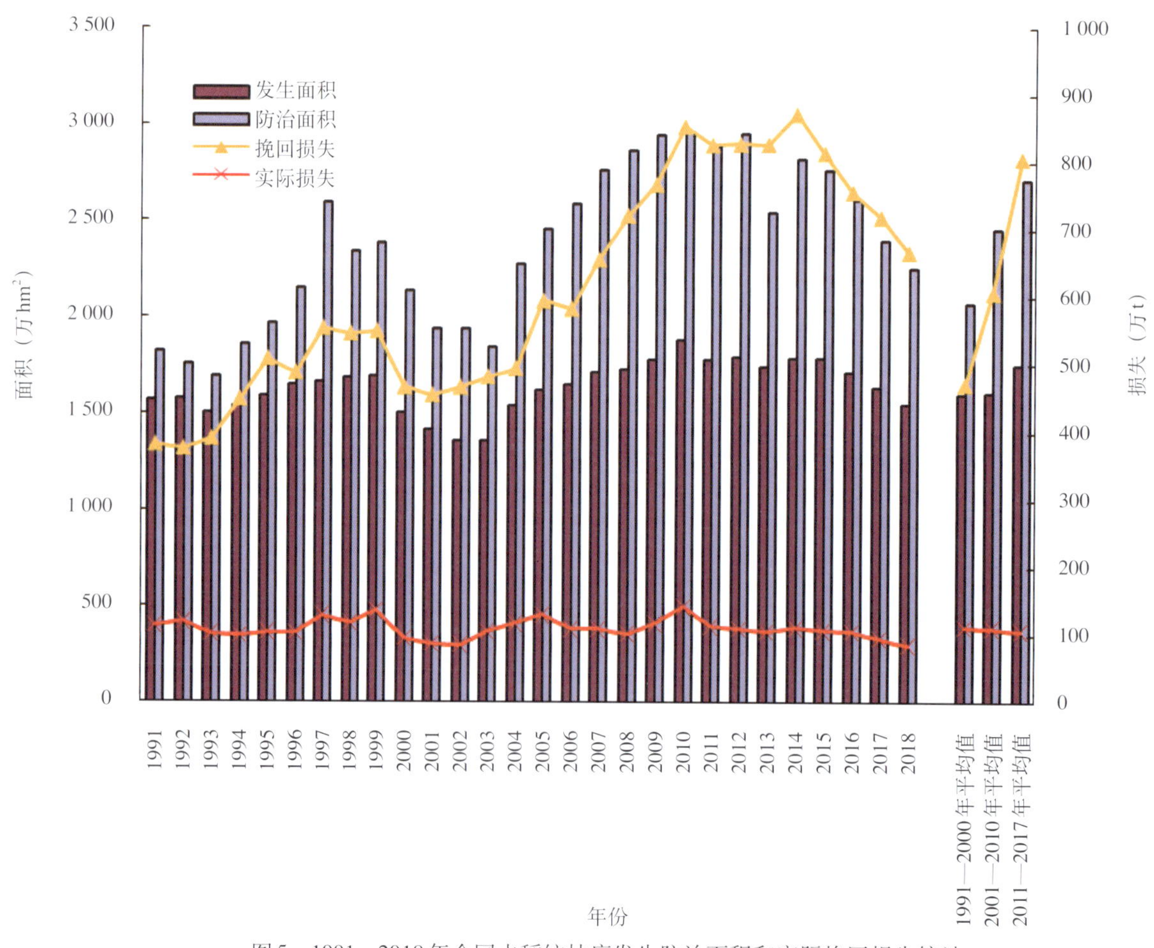

图5 1991—2018年全国水稻纹枯病发生防治面积和实际挽回损失统计

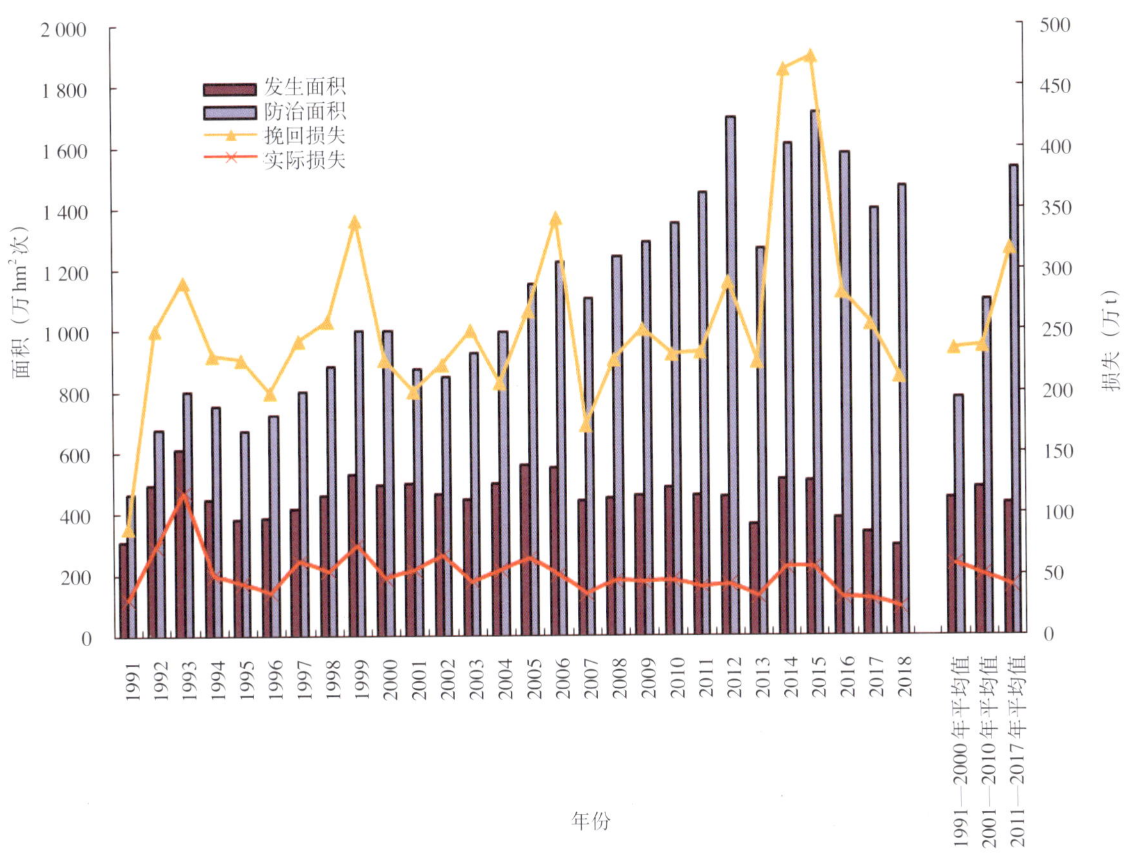

图6　1991—2018年全国稻瘟病发生防治面积和实际挽回损失统计

稻曲病总体偏轻发生，轻于2017年和常年。其中，长江下游稻区中等发生，在江苏丘陵、沿江、沿淮及淮北粗秆大穗型品种上偏重发生；江南、西南、江淮、东北中南部稻区偏轻发生，华南稻区轻发生。全国累计发生面积199万hm²，防治面积639万hm²，挽回损失71.6万t，造成实际损失9.7万t；与2017年相比，挽回损失增加7.7%，累计发生面积、防治面积、实际损失分别减少13.0%、9.6%、7.7%；与2011—2017年平均值相比，累计发生面积、防治面积、挽回损失、实际损失分别减少24.3%、7.6%、12.1%、38.8%（图7）。

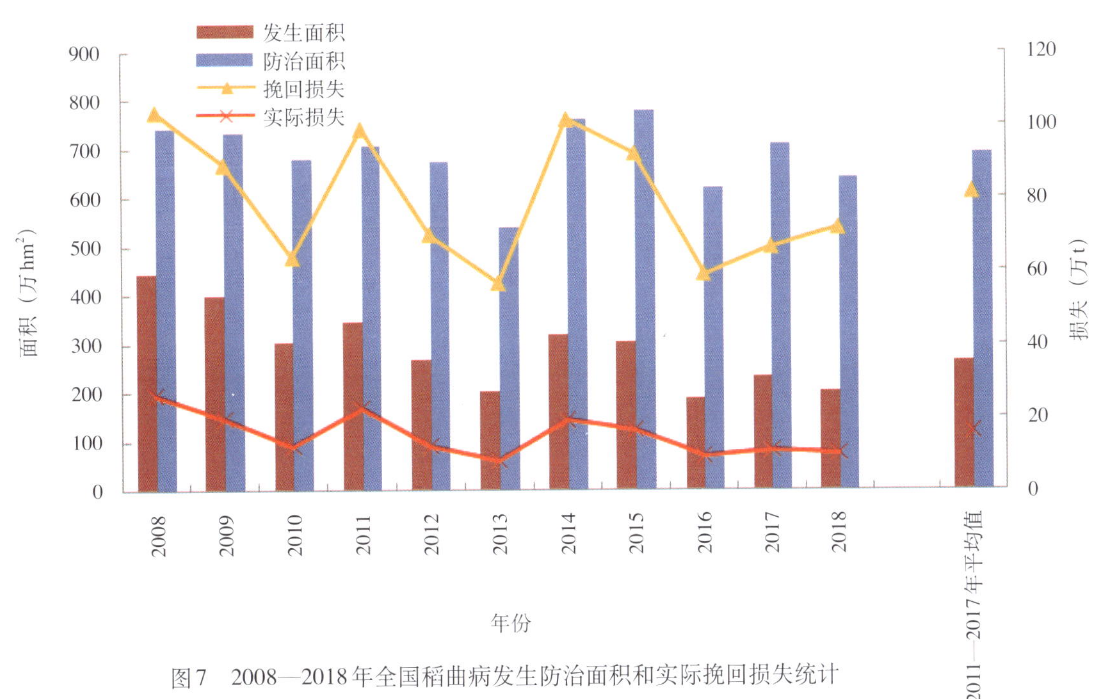

图7　2008—2018年全国稻曲病发生防治面积和实际挽回损失统计

水稻病毒病总体偏轻发生，发生种类以南方水稻黑条矮缩病、水稻橙叶病、水稻黑条矮缩病、水稻条纹叶枯病等为主。其中，南方水稻黑条矮缩病在西南、华南、江南稻区偏轻发生，粤西、桂南局部发生程度较重，个别田块大发生，华南南部和江南稻区发生面积多于2017年；水稻橙叶病在华南稻区轻发生，粤西、粤北、桂西、桂中、桂东南局部发生程度较重，呈明显上升态势；水稻黑条矮缩病和水稻条纹叶枯病在长江中下游、江淮稻区轻发生。全国累计发生面积18.3万hm^2，防治面积69.4万hm^2，挽回水稻产量损失14.8万t，造成实际损失2.2万t；比2017年分别减少36.4%、21.7%、23.4%、60.4%；比2011—2017年平均值分别减少66.4%、70.2%、65.5%、44.8%（图8）。

受2018年台风偏多影响，水稻白叶枯病、水稻细菌性条斑病、水稻细菌性基腐病等水稻细菌性病害发生程度重于2017年，总体偏轻发生，华南、江南东部和长江中下游局部发生程度较重。如安徽2018年水稻细菌性条斑病发生较为突出，发生面积为10万hm^2，是2017年的5倍，为近10年最重的。

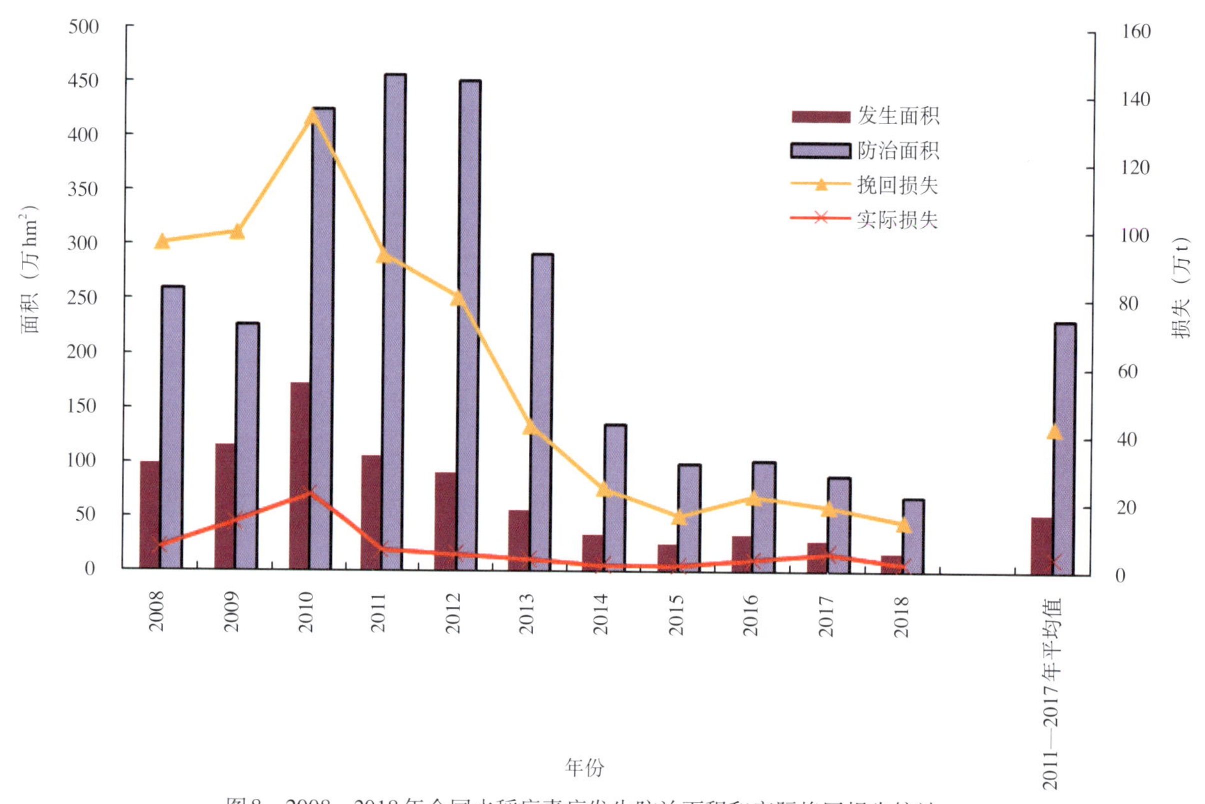

图8 2008—2018年全国水稻病毒病发生防治面积和实际挽回损失统计

2 发生特点

2.1 稻飞虱

2.1.1 华南、江南稻区迁入峰期偏晚，长江中下游和西南东部稻区迁入期偏早

受华南稻区前汛期偏晚和江南稻区入梅偏晚影响，2018年华南、江南稻区迁入峰期明显晚于常年。其中，福建第一个迁入峰出现在5月下旬后期，较2017年迟20d左右。湖南首个迁入峰出现在4月18～23日，比2017年迟10d。江西6月3日监测到首个也是全年唯一一个单灯单日迁入虫量超过1 000头的迁入峰，比2017年晚5d。长江中下游和西南东部稻区迁入期比2017年和常年明显偏早。其中，湖北4月4日在通城县灯下始见白背飞虱1头，比常年早7～27d，比2017年早1d。江苏5月13日在苏州始见褐飞虱，比2017年早15d左右；5月17日在苏州始见白背飞虱，比常年早10d左右。河南6月18日始见稻飞虱，比2017年早3d。重庆从4月19日开始陆续迁入白背飞虱，迁入期比常年偏早1～14d；从5月8日开始陆续迁入褐飞虱，比常年偏早1～24d。

2.1.2 迁入峰次少，迁入虫量低

2018年南方稻区降水偏少，其中前汛期华南稻区降水量偏少44%，江南、长江中下游、江淮稻区梅雨季节降水量分别偏少32%、38%、35%。受此影响，稻飞虱迁入峰次少，迁入虫量明显偏低。通过统计分析全国315个水稻监测点的稻飞虱灯下迁入量，结果显示2018年稻飞虱灯下迁入总量是2011年以来最少的，比2017年减少29.2%，比2011—2017年平均值减少53.9%（图9）。其中，白背飞虱迁入量比2017年减少25.6%，比2011—2017年平均值减少58.3%；褐飞虱迁入量比2017年减少34.5%，比2011—2017年平均值减少43.7%。从迁入动态看，白背飞虱在5月和7月有两个迁入高峰，褐飞虱在6月和9月有迁入高峰；与2017年相比，白背飞虱在5月和9月、褐飞虱在9月迁入虫量明显高于2017年（图10）。从各省份迁入情况看，华南、江南、西南和长江中游稻区各省份迁入总量超过1万头，长江下游和江淮稻区各省份迁入总量不足1万头。与2017年同期相比，西南稻区主产省份迁入量明显偏高，其中云南、重庆、四川分别比2017年偏多50.2%、44.1%、10.7%；其他稻区迁入量比2017年减少45%～75%。

2.1.3 田间虫量总体偏低，西南稻区局部虫量较高

受迁入虫量偏少及夏季高温影响，稻飞虱田间虫量总体偏低，局部地区虫量较高。在华南稻区，晚稻发生程度重于早稻，其中早稻发生程度明显轻于2017年，晚稻与2017年接近，总体中等发生，局部地区发生程度较重。如广西资源、金秀等在7月上旬个别田块虫口密度高达1.6万～2.8万头，巴马出现落窝；福建虫口密度前低后高，9月中、下旬六（5）代稻飞虱在一季晚稻上百丛虫量为2 500～5 500头，高的田块百丛虫量超3万头，顺昌县、邵武市、武夷山市、永安市、大田县、宁化县、泰宁县、尤溪县、长汀县、武平县、永定区、古田县、福清市等地局部出现“冒穿”现象。在江南稻区，早稻稻飞虱重于晚稻，总体中等发生，轻于2017年。其中早稻稻飞虱在6月上旬略高于2017年，后经有效防控，大田虫口密度明显下降，低于2017年；晚稻虫口密度一直维持在较低水平，比2017年同期减少15%～30%。在长江中下游和江淮稻区，田间虫口密度总体偏低，轻于2017年，湖北局部发生程度较重，如湖北五（3）代稻飞虱在仙桃市、通城县、红安县、应城市、宜城市、竹山县、新洲区等地漏防田块百丛虫量超1万头。在西南稻区，7月10日至8月10日稻飞虱虫口密度明显高于2017年，发生程度重于2017年，其中西南南部中等发生，西南北部偏重发生，渝南、渝中局部大发生，是近5年来发生程度最重的。如重庆受西南气流影响，稻飞虱迁入后，无明显适宜的迁出条件，造成稻飞虱在渝中、渝南出现“冒穿”现象。四川稻飞虱发生是2012年以来发生范围最大的，三台县、江油市等地最高百丛虫量超过1万头，个别地区出现“冒穿”现象（图11至图14）。

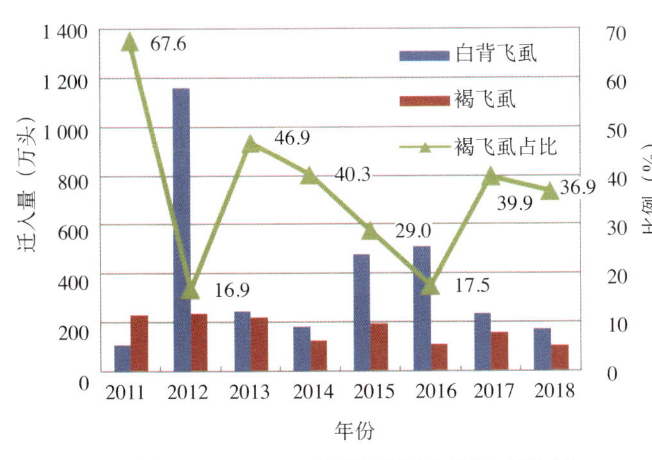

图9 2011—2018年稻飞虱灯下迁入量比较

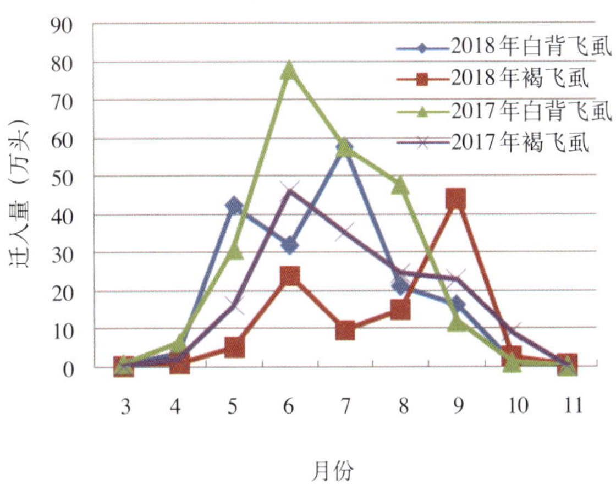

图10 2017—2018年稻飞虱灯下虫量发生动态

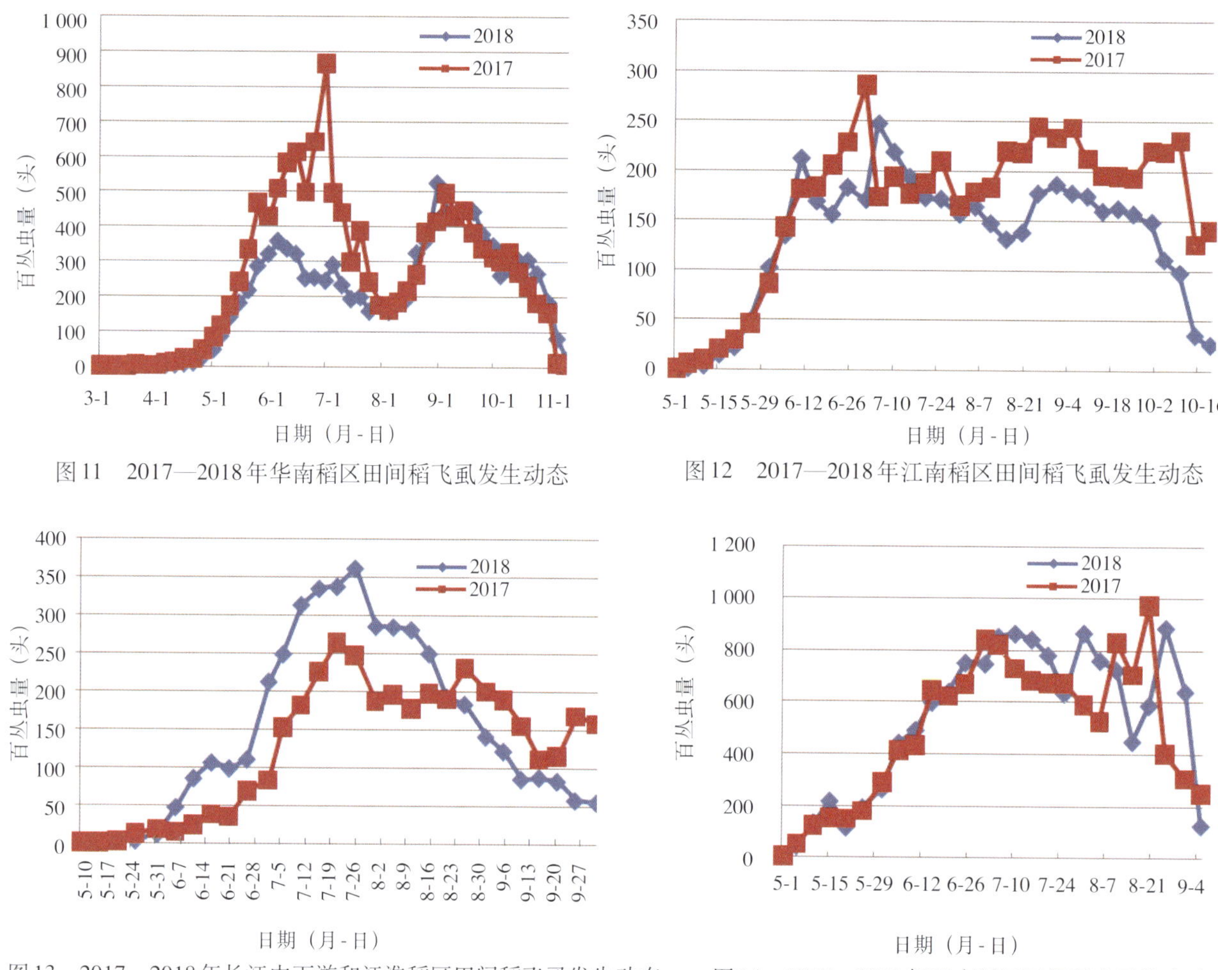

图11　2017—2018年华南稻区田间稻飞虱发生动态

图12　2017—2018年江南稻区田间稻飞虱发生动态

图13　2017—2018年长江中下游和江淮稻区田间稻飞虱发生动态

图14　2017—2018年西南稻区田间稻飞虱发生动态

2.2　稻纵卷叶螟

2.2.1　迁入期早于2017年

稻纵卷叶螟4月下旬开始大量迁入我国华南沿海，迁入峰期较2017年偏早10d左右。其中广西沿海田间蛾量主峰出现在4月下旬，比2017年早10d左右；福建第一次突增期出现在6月5日前后，比2017年早10d左右；湖南第一个迁入高峰出现在4月29日至5月6日，比2017年早13d，但晚于常年；江西3月19日在崇仁灯下始见蛾，比2017年3月29日在会昌、上犹始见蛾日早10d。

2.2.2　迁入蛾量总体偏少

通过统计分析全国315个水稻监测点的稻纵卷叶螟灯下诱蛾量，结果表明2018年稻纵卷叶螟灯下诱蛾量比2017年偏少27.7%。从诱蛾量动态来看，前期诱蛾量逐月增多，到8月诱蛾量最高，随后呈下降趋势；与2017年同期相比，4月诱蛾量同比偏多12.2%，主要是广西迁入偏早偏多，如广西防城、钦北两地4月下旬主峰蛾量共计39 767头，是2017年主峰蛾量的3.51倍；5月以后均低于2017年同期，尤其是9月、10月分别比2017年偏少50.9%、73.0%（图15）。从各稻区来看，诱蛾量呈现南多北少特点，华南、江南、长江中下游和江淮稻区迁入蛾量依次递减；与2017年相比，西南稻区诱蛾量接近2017年，华南、江南、长江中下游和江淮稻区分别比2017年偏少14.8%、24.9%、44.2%（图16）。

2.2.3　田间为害总体中等，长江下游局部偏重发生，轻于2017年和常年

稻纵卷叶螟田间发生总体表现为前轻后重。早稻上总体偏轻发生，其中华南早稻区中等发生，广西沿海局部早插田大发生；中晚稻上总体中等发生，长江下游偏重发生，局部大发生。

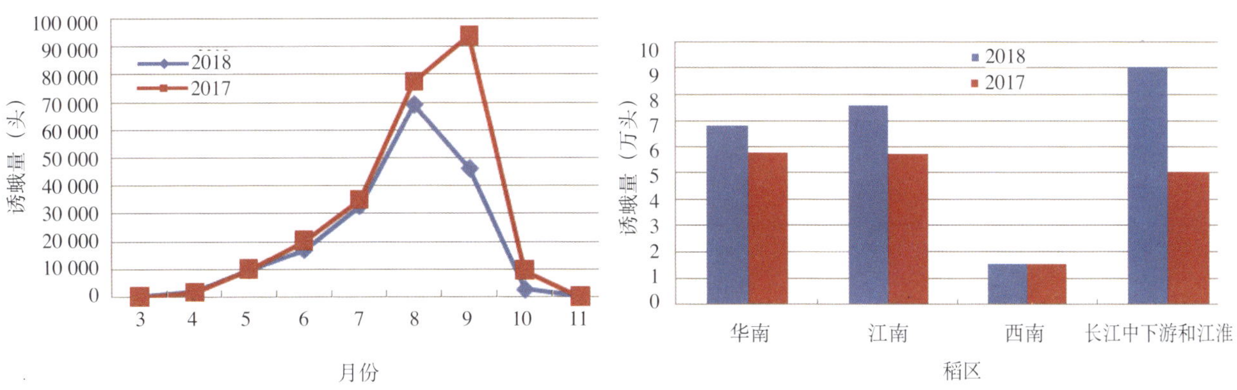

图15　2017—2018年全国稻纵卷叶螟灯下诱蛾量发生动态　图16　2017—2018年不同稻区稻纵卷叶螟灯下诱蛾量比较

华南、江南双季稻区，早稻田蛾量、虫量同比偏低。据监测，6月底，华南、江南稻区亩*蛾量一般为40～250头，桂中、桂北局部高的为1 000～1 700头；亩幼虫量一般为1 000～5 000头，高的为1万～2万头，低于2017年同期，仅湖南同比增加22.8%；田间卷叶程度轻，大部分稻区卷叶率低于3%，江西龙南局部漏防田块为8%。晚稻田蛾量、虫量与2017年同期相当，华南局部偏高。9月底，田间亩蛾量一般为50～500头，华南局部高的为1 000～3 000头；亩幼虫量一般为1 000～8 000头，华南局部高达1万～4万头；田间卷叶率一般为0.1%～3%，高的为4%～7%，江西安远局部田块高达12%。

华南、江南中稻和西南单季稻区，蛾量同比偏多，幼虫量同比偏少。8月上旬亩蛾量一般为50～700头，高的为1 200～4 000头，其中湖南全省中稻田亩蛾量比2017年同期增加37.7%。但受夏季持续高温天气影响，幼虫孵化率低，田间亩幼虫量一般为1 000～3 000头，高的为5 000～10 000头，湘南、桂北局部田块超过1万头；卷叶率一般为2%～6%，高的为8%～13%，重庆黔江局部高达46.7%。

长江中下游单季稻区，稻纵卷叶螟总体偏重发生，江苏沿太湖、沿江局部地区五（3）代、六（4）代大发生，总体轻于2017年。7月下旬，长江中下游稻区监测到稻纵卷叶螟五（3）代蛾高峰，蛾量是2017年同期的5～10倍。田间亩蛾量一般为50～400头，江苏沿太湖、沿江较高，为500～1 000头，湖北通城局部田块高达1.3万头。8月下旬至9月上旬，长江中下游稻区监测到稻纵卷叶螟六（4）代蛾高峰，其中江苏沿太湖、沿江地区亩蛾量为1 000～4 500头，亩幼虫量一般为100～600头，亩卵量一般为2 000～10 000粒，江苏沿太湖、沿江局部地区超过大发生指标。田间卷叶率一般低于4%，湖北浠水局部田块高达49%。

2.3　二化螟

2.3.1　冬后基数高

受暖冬气候影响，二化螟冬后基数偏高，江南稻区亩残虫量一般为3 000～7 500头。其中，湖南、湖北、浙江、福建分别比2017年增加30%、26%、24.7%、1.8%。湖南全省各地虫量除湘西北外均高于2017年，平均亩残虫量为5 996头，是2017年的1.3倍，是近5年平均值的1.8倍，其中娄底市、湘潭市、永州市、株洲市、衡阳市、邵阳市均超过7 000头，全省有17个县冬后亩残虫量超过1万头。湖北平均亩残虫量为3 037头，比2017年同期偏高26%，比近6年平均偏高5.7%。浙江冬后平均亩残虫量为3 526头，比2017年同期增加24.7%。福建平均亩残虫量为3 698头，比2017年增加1.8%，福建东南沿海稻区虫量明显上升，平均亩残虫量1 791头，是2017年的2.1倍，其中连江县平均亩残虫量6 288头，较2017年增加93.7%，云霄县平均亩残虫量3 066头，是2017年的9.2倍。

2.3.2　灯下诱蛾量高

据全国314个水稻监测点统计，2012—2018年二化螟灯下诱蛾量呈上升趋势，2018年二化螟灯下

* 亩为非法定计量单位，15亩=1hm²。全书同。——编者注

诱蛾量比2017年增加45.4%，是近5年平均值的2.5倍（图17）。从发生动态看，每月诱蛾量比2017年同期增加20%～60%，其中7月诱蛾量是2017年同期的2.1倍（图18）。从发生区域看，华南大部、江南和西南北部稻区诱蛾量比2017年偏高20%～50%。其中，江西单灯平均诱蛾总量为3 112头，比2017年增加28.9%，为2007年以来最高值；越冬代和三代蛾峰明显高于常年。

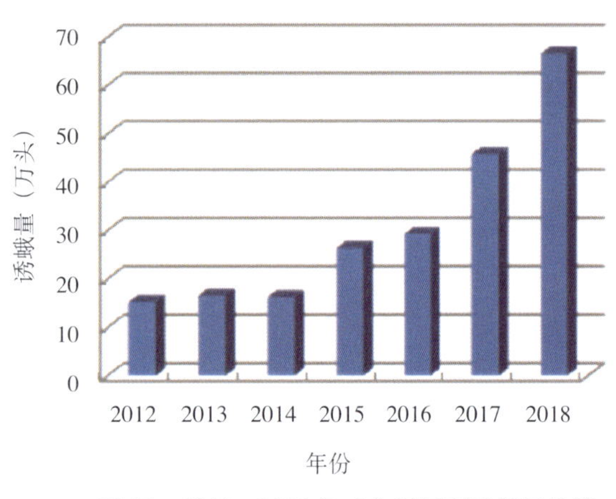

图17　2012—2018年二化螟灯下诱蛾量比较

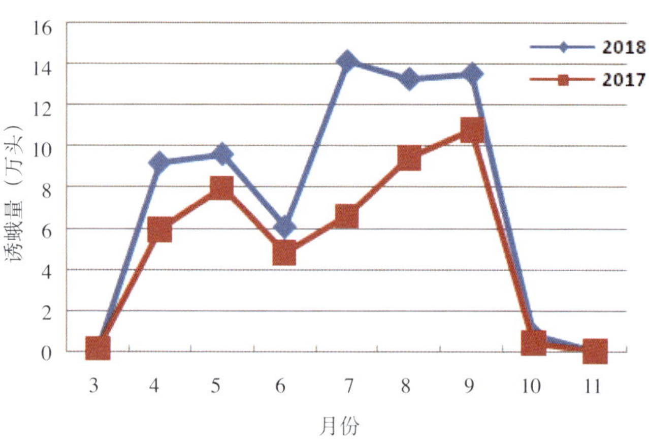

图18　2017—2018年二化螟田间蛾量发生动态

2.3.3 江南稻区发生较为突出，华南北部呈明显上升趋势

二化螟总体偏重发生，重于2017年，其中江南稻区偏重发生，湖南衡阳、株洲和邵阳局部大发生，华南北部稻区中等发生，上升趋势明显。从二化螟各代次发生程度看，华南北部稻区一代二化螟中等发生，二至四代偏轻发生；江南稻区一代偏重发生，二至四代中等发生，均重于2017年。以发生较为突出的江南稻区为例。湖南一代二化螟亩幼虫量平均为8 428头，是2017年同期的1.9倍，湘潭、株洲、永州虫量高达1.5万～3万头，造成早稻田枯鞘株率平均为4.1%，枯鞘丛率平均为13.8%，枯心率平均为1%。二代二化螟造成中稻田枯鞘丛率和枯心率平均分别为8.3%和0.5%。三代二化螟亩幼虫量平均为1 880头，比2017年同期增加29.6%，衡阳县、邵东县、醴陵市、东安县等亩幼虫量平均超过5 000头；田间枯鞘株率为0.3%～ 2.8%。四代二化螟亩幼虫量平均为2 061头，比2017年同期增加30%，隆回县、常宁市、汉寿县、祁阳县、耒阳市均超过5 000头，发生严重田块超过3万头，造成晚稻田枯心率平均为0.6%。江西二化螟造成早稻田枯心率一般为0.6%～3.3%，部分防治不到位的田块枯心率达11%～14.5%；中稻田白穗率一般0.1%～0.8%，部分未防治田块高达2.2%；晚稻田白穗率一般0.06%～0.53%，高的0.6%～1.6%，部分未防好田块高达2.5%。浙江一代二化螟早稻田枯鞘丛率平均在10%以下，重发田块超过20%；二代二化螟在部分单双混栽及早插单季稻区为害严重，景宁县、莲都区枯鞘丛率平均分别为16.34%、18.9%；三代二化螟枯鞘丛率平均为1%～3%，重发田块达5%。

2.4 水稻纹枯病

水稻纹枯病总体偏重发生，轻于2017年和常年。其中，华南大部、江南、西南北部、长江中下游稻区偏重发生，局部大发生；江淮、东北稻区中等发生，西南南部稻区偏轻发生。

在双季早稻区，受汛期降水前少后多影响，水稻纹枯病发生略偏迟，4月中旬开始早稻纹枯病陆续发病，5月下旬开始降水偏多，水稻纹枯病进入流行盛期，病情发展前缓后快，田间危害重，达偏重发生程度。据各地监测，6月1日，病丛率一般为0.5%～7.5%，桂南局部较高为23%～52%，桂东南部分田块高达92%。6月底调查，水稻纹枯病田间病株率一般为5%～35%，高的为50%～85%；病丛率一般为13%～43%，高的为60%～100%。

在单季稻区，由于水稻栽插期不一，各地发病始见期差异大。华南、江南中稻和西南、长江中下游单季稻区大部于7月上旬进入流行盛期，7月中旬至8月中旬为流行高峰期。据各地监测，8月初，

华南、江南中稻和西南单季稻区病株率一般为3%～11%，高的为15%～20%；病丛率一般为8%～15%，高的为30%～40%。长江中下游单季稻纹枯病病株率一般为1%～5%，高的为5%～10%；病丛率一般为7%～14%，高的为16%～30%。8月中旬，华南、江南中稻纹枯病病株率一般为5%～15%；病丛率一般为10%～35%，高的为45%～85%。长江中下游单季稻区病株率一般为1%～8%，高的为10%～20%；病丛率一般为10%～35%，高的为40%～50%，湖北黄陂最高达100%。

在双季晚稻区，华南和江南双季晚稻纹枯病于8月下旬进入流行盛期。受降水偏多、温度偏高影响，尤其是受最强台风“山竹”影响，病情发展迅速，严重的已上升至剑叶危害。9月底调查，病株率一般为4%～27%，高的为35%～60%；病丛率一般为15%～40%，高的为45%～78%，吉安、宜黄等赣南局部地区的田块高达100%。

2.5 稻瘟病

稻瘟病总体偏轻发生，是1991年以来最轻的。其中，西南稻区中等发生，华南、江南、长江中下游、江淮和东北稻区偏轻发生，湖南攸县、岳阳、平江局部偏重发生，个别田块绝收。主要发生特点表现为稻区间发生程度差异大，发病品种多。

华南稻区在4月上旬见病，始见期略早于2017年。早稻叶瘟重于晚稻，穗颈瘟轻于晚稻。早稻病叶率一般0.5%～6%，高的6.1%～26.5%，桂西、桂东南局部稻区发生程度较重，病叶率一般10%～30%，高的50%～85%；病穗率一般0.1%～7%，高的40%～59%，广西个别田块高达73%～80%。晚稻病叶率一般0.5%～6.5%，高的12%～38%，桂中、桂西局部稻区发生程度较重，病叶率一般2.6%～30%，高的52.3%～100%；病穗率一般0.1%～6%，高的10%～30%，闽东、桂西北个别田块高达77%～92%。

江南稻区稻瘟病表现为早稻重于中晚稻。其中，早稻中等发生，湖南发生较为突出。早稻病叶率一般为0.5%～4%，江西都昌县局部严重田块最高达80%；病穗率一般为0.2%～3%，峡江县最高54%。其中湖南穗颈瘟发生程度较2017年重，5月底在长沙和永州的个别县已出现“坐蔸”，6月下旬在一些县市面积突增，岳阳、株洲发生面积较大，分别发生2 260hm^{2}和1 100hm^2，岳阳病穗率超过50%的田块已达到31.3hm^2，株洲攸县绝收田块达到333.3hm^2。中稻偏轻发生，病叶率一般为0.1%～5.4%，高的6%～11%；病穗率一般为0.2%～4.8%，江西浮梁、永修等县穗颈瘟高的7%～11%。晚稻偏轻发生，病叶率一般为0.1%～5%，高的6%～8%；病穗率一般为0.1%～1.1%，高的5%～9%。

长江中下游稻区偏轻发生，田间发生表现为前快后缓的特点。6月22日长江中下游入梅后多降雨天气，利于水稻叶瘟的扩展。7月9日出梅后出现大范围持续晴热高温天气，水稻叶瘟病情在7月中、下旬停止扩散及加重，田间普查多零星可见，但在丘陵等地具有独特小气候地区感病品种上发生程度较重。8月下旬至9月上旬大部分地区降水普遍较常年偏少，温度较常年偏高，总体不利于穗颈瘟的发生。

西南稻区总体中等发生，局部老病区发生程度较重。其中贵州在北部、东南部和中南部的老病区、优质稻品种种植区受害较重，病叶率一般为10%，高的100%，病穗率一般为6%，高的65%以上。四川发生程度重于2017年，平均病叶率为2.5%，比2017年同期高0.6个百分点，川东局部平均病叶率达22.5%；平均病穗率为3.76%，比2017年同期高0.48个百分点，川东北局部平均病穗率达11.2%。重庆发生程度轻于2017年，平均病叶率为5.93%，较2017年同期低13.6个百分点，潼南个别田块最高病叶率50%；平均病穗率为1.38%，较2017年同期低45.9个百分点，潼南个别田块最高病穗率32%。

东北稻区总体偏轻发生。7月下旬至8月上旬正值东北稻区水稻破口抽穗期，该时期降水偏多，利于稻瘟病的发生。但各地高度重视，积极组织开展穗颈瘟的防控工作，防控工作成效显著。以黑龙江为例，各地规范防治后的生产田病穗率普遍在5%以下，虎林市、绥棱县、方正县、佳木斯市等地个别未进行预防或防治时期、药剂不当地块，穗颈瘟病穗率可达30%以上，严重的地块病穗率甚至达到90%。

各稻区发病品种多。海南发病品种主要有红泰优996、深两优5814等。广东主要发病品种有马坝银占、特籼占25、Y两优143、特优524、Y两优602、特优161、深优9789、深优9708、五优308、美香占、籼小占等。广西发病程度较重的品种（组合）有Y两优系列、H两优系列、深两优系列、广百优系列、中浙优1号、特优808、广两优7203、美香粘、新香粘、桂育9号、佛山油粘、特优5号、百香139、丝香粘、糯稻、优质常规稻等。福建早稻发病品种有佳辐占、深两优5814、丰两优22等；中稻和一季晚稻发病品种主要有甬优9号、甬优15、甬优17、甬优1540、中浙优1号、中浙优8号、新农优华占、广8优673、宜优1659、宜优673、宜优99、T两优164、Y两优916、Y两优5867、Y两优900、宜优673、宜香优2292、特优63、特优627、闽丰优3301、N两优1998、深两优5814、泰丰优1号、荃优3301、亚华1号、天优3301、天优2155、广8优673、华浙优71、T78优2155、糯稻等；晚稻发病品种主要有佳辐占、中浙优系列、武运糯、广8优673、华浙优71、T78优2155、甬优77、荆糯等。湖南主要发病品种为中早39、浙辐7号、湘早籼6号、湘早籼24、湘早籼45，Y两优8818、Y两9918、Y两优900、株两优819、中嘉早17、荣优233、中浙优1号、天龙系列、玉针香、天龙系列、黄华粘、玉针香、农户自留常规稻及糯稻等。江西主要发病品种为丰两优香1号和早稻沪优2号、糯稻、粳稻等。湖北中稻泰优1号、丰两优香1号、两优6326等，江苏扬农稻1号、武运粳30、南粳系列等品种发病程度较重。四川富优1号、冈优188、宜香优1108、宜香优7633、宜香优2113、宜香优4245、宜香优305、宜香优800、宜香3551、宜香99E-4、宜香9928、Y两优1号、Y两优973、F优498等品种有不同程度水稻叶瘟发生。黑龙江的龙粳60、龙粳46等龙粳系列及龙庆稻系列、绥粳4等品种在省内各市均有个别地块发生程度较重。不同品种间发生程度差异大。如四川稻瘟病发病品种多，其中宜香优7633在洪雅县发病田病株率超过60%，在营山县、南部出现死苗现象；深两优5814、泰优3900、旌优781、协优207、蓉18优622等感病品种上穗颈瘟发生程度较重，协优207和蓉18优622的病穗率均超过40%。

2.6 稻曲病

稻曲病总体偏轻发生，轻于2017年和常年，长江下游稻区中等发生，江苏丘陵、沿江、沿淮及淮北粗秆大穗型品种上偏重发生。稻曲病发生特点主要表现为前轻后重，双季晚稻重于中稻和单季稻，重于双季早稻。

华南和江南早稻稻曲病零星发生；中晚稻偏轻发生，福建北部中等发生。如福建建宁县中晚稻病穗率为1.33%～2.31%；泰宁县中晚稻病穗率为3.5%～19.2%，病粒率为0.38%～4.26%，重的田块病穗率90%以上，病粒率15%以上。

长江中下游单季稻区中等发生，受8月中旬至9月上旬降水偏少影响，稻曲病发生程度明显轻于2017年。其中，安徽平均病穗率为2%，重发区域一般在6%～10%，个别重发田块高达35%以上。江苏病穗率为0.1%～0.2%，病粒率为0.001%～0.01%，沿江、丘陵、沿淮及淮北杂交籼稻及早熟感病品种病穗率1%～8%、病粒率0.01%～0.1%，重发田块病穗率5%～30%、病粒率1%～5%。上海平均病穗率为0.22%，略高于2017年同期的0.04%。

江淮单季稻区轻发生，7月底至8月初水稻抽穗扬花期间大部分地区温度偏高，降水偏少，不利于稻曲病的发生，少部分晚播水稻遇到了8月下旬开始的连续降雨天气，个别田块发生程度较重。如河南信阳市平均病株率为1.7%，最高达15%。

东北稻区偏轻发生，主要发生区域为吉林东部和辽宁，其中辽宁北部发生程度重于中南部，发病严重地块病丛率达20%，病株率达5%。

2.7 水稻病毒病

水稻病毒病总体偏轻发生，华南局部稻区发生程度较重。发生种类以南方水稻黑条矮缩病、水稻橙叶病、水稻黑条矮缩病、水稻条纹叶枯病等为主。其中，南方水稻黑条矮缩病在西南、华南、江南稻区偏轻发生，粤西、桂南局部发生程度较重，个别田块大发生。发生特点主要表现为：一是点多面

广。海南、广东、江西等地见病县数多于2017年，其中江西见病县数为33个，比2017年多8个。二是总体偏轻发生，华南稻区局部发生程度较重。如广东清远清城区为南方水稻黑条矮缩病新增发生区，晚稻发生面积400多亩，病株率达40%～50%；广西病丛率一般0.01%～3%，重发区3.8%～10%，南部沿海、东南部和中部个别田块达22%～30%，兴宾区种植美香新占品种的田块病丛率高达93%。水稻橙叶病在华南稻区轻发生，粤西、粤北，桂西、桂中、桂东南局部发生程度较重，呈明显上升态势。其中广西病丛率一般0.02%～15%，高的20%～40%；病叶率一般0.01%～0.5%，高的2%～10%。水稻黑条矮缩病和水稻条纹叶枯病在长江中下游和江淮稻区轻发生，其中江苏2018年为近年来发生最轻的年份。

2.8 水稻细菌性病害

受2018年台风偏多影响，水稻细菌性病害发生程度重于2017年，总体偏轻发生，华南、江南东部和长江中下游局部发生程度较重。发生种类以水稻细菌性条斑病、水稻白叶枯病为主。

水稻细菌性条斑病在中晚稻上发生程度重于早稻，主要特点表现为蔓延速度快，局部发生程度重。如广东南部沿海的罗定市、高州市、揭西县等地，9月上旬病叶率一般1%～13.3%，高的17.7%～35.6%；9月中下旬病叶率一般5%～9%，高的12%～49.4%；10月病叶率一般6.5%～15%，高的25%～78.8%。安徽受第18号台风“温比亚”的影响，8月17～18日出现强降雨的过程，造成水稻叶片受损形成大量伤口，8月20～25日，田间病情快速扩散流行，发生面积为6.7万hm^2，为近10年最重的。

水稻白叶枯病在华南沿海和长江下游稻区总体偏轻发生，局部发生程度较重，主要特点表现为：一是流行速度快，局部发生程度重。如广东沿海地区9月上旬白叶枯病病叶率一般0.8%～1.5%，高的2%～5.3%；9月中、下旬病叶率一般2%～7.5%，高的10%～16.4%；10月，雷州市、高州市、阳春市、阳西县、怀集县等稻区白叶枯病病叶率一般8.4%～15.5%，高的22.5%～36.8%。福建福安市病叶率5%～7%，高的12%～23%。浙江金华有近333.3hm^2单季晚稻和双季晚稻大面积发病。江苏部分杂交稻重发田块病穴率达73%，病株率达38%。二是部分感病品种发生程度重。如浙江发生区域集中在温州、台州、衢州、金华等地，发病品种以甬优系列为主。江苏丘陵、里下河及淮北地区发生程度较重，杂交稻普遍重于粳稻，重发品种主要有Y两优900、徽两优996、淮稻5号等。

（执笔人：陆明红）

2018年全国小麦主要病虫害发生概况与分析

2018年全国小麦病虫害总体偏重发生，发生面积5 333.87万hm^2次，比2017年减少9.09%，防治面积7 564.91万hm^2次，比2017年减少8.47%。经防治挽回小麦产量损失1 492.71万t，比2017年减少5.76%，实际损失274.39万t，比2017年增加3.86%（图19）。其中，病害发生面积2 734.95万hm^2次，比2017年减少7.24%，少于近5年平均值及2001年以来的平均值；虫害发生面积2 598.92万hm^2次，比2017年减少10.96%，是2001年以来发生面积最小的。其中，赤霉病在常发区偏重及以上流行，重于2017年，发生面积与程度与2003年、2015年基本持平；条锈病偏轻发生，2018年是近10年以来第二轻发年份；小麦蚜虫偏重发生，山东、河北局部地区穗期蚜量高。

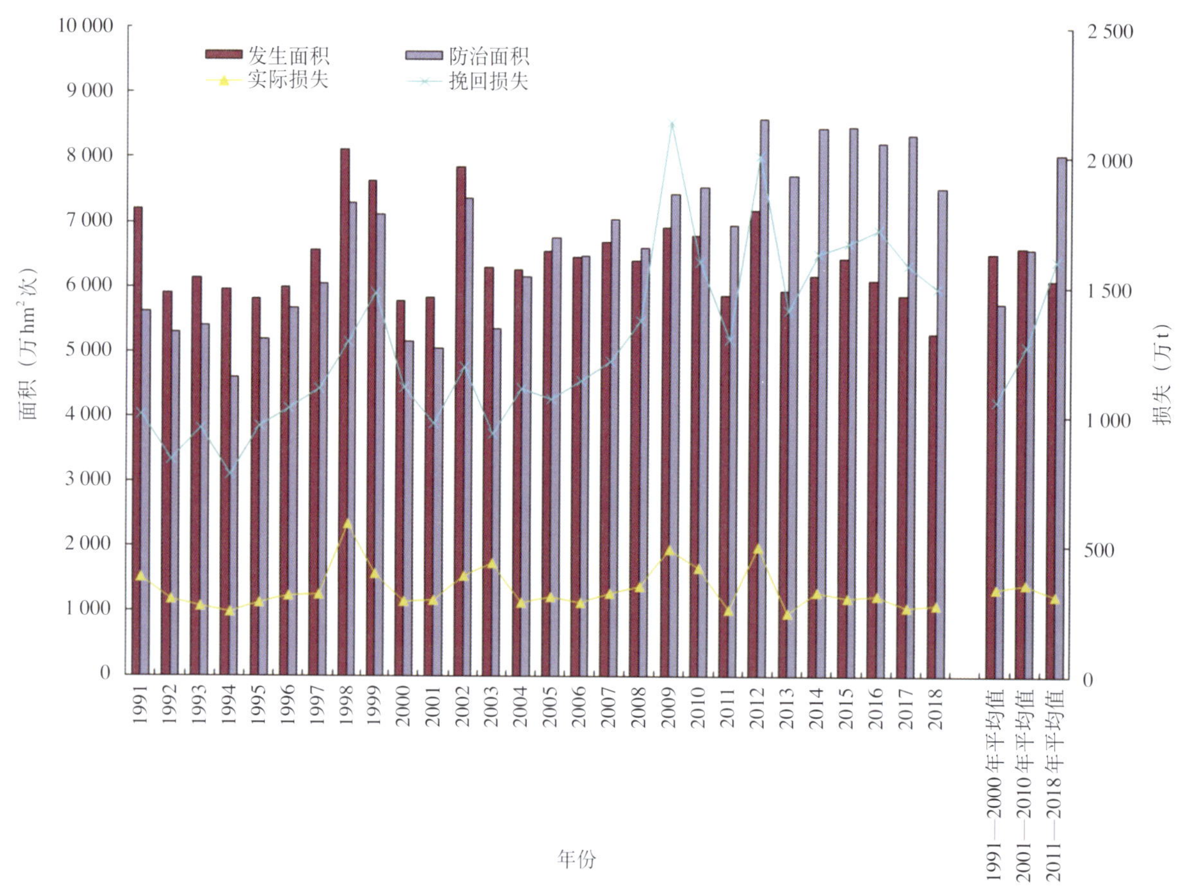

图19　1991—2018年全国小麦病虫害发生防治面积和实际挽回损失统计

1　主要病害

1.1　小麦赤霉病

2018年小麦赤霉病大流行，全国发生面积610.13万hm^2，是2010年以来第四重发年份，与2015年基本持平（图20），主要发生在长江中下游、江淮、黄淮和华北南部麦区，病穗率在40%以上的发生面积为36.85万hm^2，占全部发生面积的6.04%。其中，江汉平原北部、鄂西北和黄淮南部偏重及以上流行，黄淮北部、华北南部、西北、西南麦区中等流行。主要省份小麦赤霉病发生情况见表1。

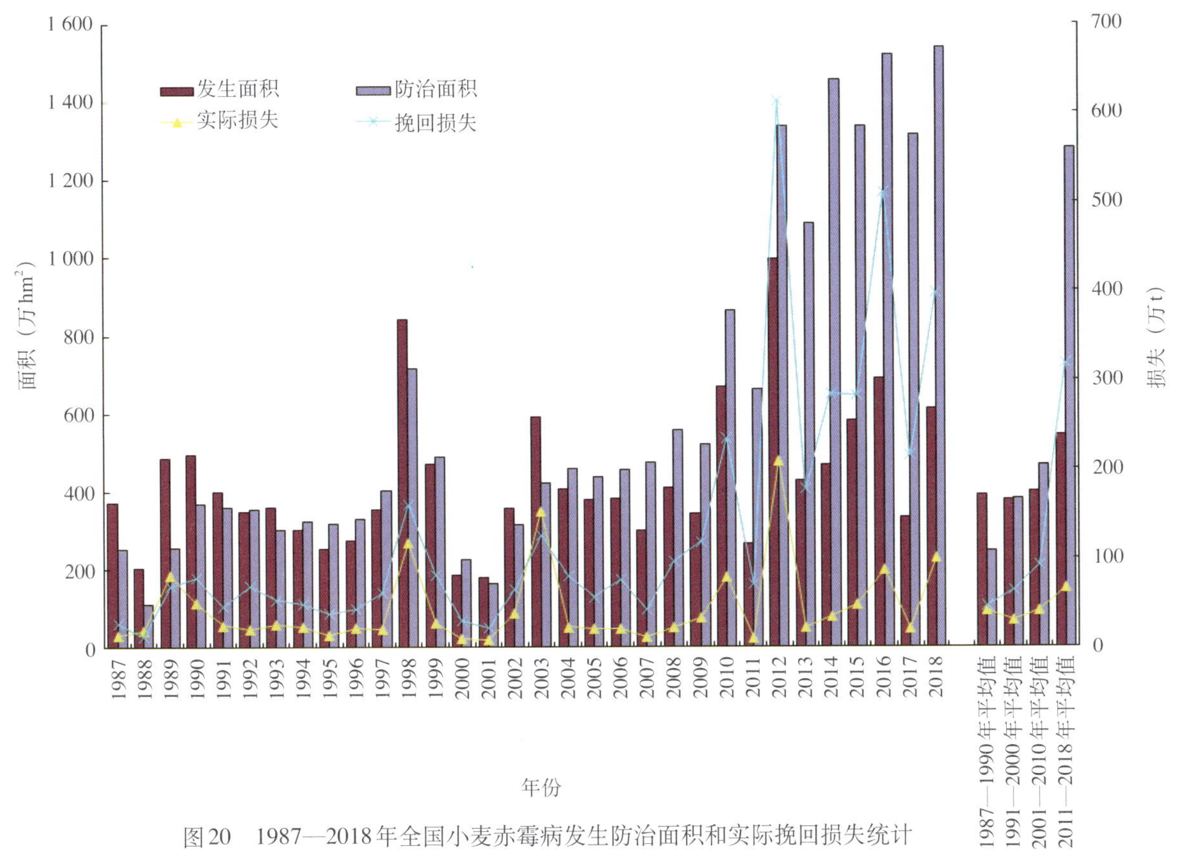

图20　1987—2018年全国小麦赤霉病发生防治面积和实际挽回损失统计

表1　主要省份小麦赤霉病发生情况

省份	发生面积（万hm²）			发生面积占播种面积比例（%）			平均病穗率（%）			最高病穗率（%）		
	2012年	2016年	2018年	2012年	2016年	2018年	2012年	2016年	2018年	2012年	2016年	2018年
安徽	175.67	198.13	136.13	63.89	72.98	55.55	9.6	7.6	5.03	44	100	80
江苏	169.01	131.41	97.29	71.78	54.86	45.14	10.8	6.3	2.1	100	>80	70
湖北	66.87	79.14	71.77	73.83	81.08	65.26	7.6	37.8	27	95	94	>80
浙江	8.15	7.73	4.98	67.93	82.26	74.77	25	81.9	1.0	56	88.7	10
上海	6.34	3.61	1.05	93.24	83.31	98.83	14.7	18.4	0.01	48	56	30
河南	341.01	168.52	149.29	64.65	30.86	27.31	10.7	6.2	4.6	90	100	100
山西	7.90	5.20	3.33	11.83	8.65	5.21	6	3.8	2.2	70	8	30
陕西	31.86	17.27	34.19	27.72	16.50	32.26	3.5	0.6	5.8	—	80	95
山东	118.88	34.59	38.42	28.39	8.59	9.51	2.5	1.1	1.45	70	40	13.5
河北	45.95	24.79	59.77	21.18	11.53	26.32	0.3	0.02	2.24	45	1	43
重庆	3.80	2.69	0.80	29.32	37.37	40.31	6.9	7.07	4.3	21	83.3	21
四川	13.86	11.11	7.72	11.16	10.12	7.55	3.4	8.1	1.5	21	62.4	21.9
天津	0	0	0.14	0	0	1.43	0	0	0.1	0	0	2.5
合计	989.30	684.18	604.89	47.08	41.50	37.65	—	—	—	—	—	—

1.1.1 重发区集中在江汉平原北部、鄂西北和黄淮南部麦区

湖北江汉平原北部的荆门市平均病穗率、病粒率分别为31.3%、4.3%，重发田块分别为53.1%、8.9%；鄂西北的襄阳市平均病穗率、病粒率分别为18.2%、3%，重发田块分别为50%、17.6%。河南南部麦区重发田块平均病穗率、病粒率分别为47.7%、16.3%。部分未防田块平均病穗率达80%以上，甚至100%。

1.1.2 发生范围广，发生区域明显北扩西移

北至河北、天津，西至山西、陕西均有不同程度发生，河北、陕西发生面积分别为59.77万hm^2和34.19万hm^2，占小麦种植面积的26.3%和32.3%，为历史同期发生程度较重的年份。病害扩展到河北廊坊，连常年极少见病的天津也出现发病田块。

1.1.3 后期病害显症面积增长迅速，常发区病情得到较好控制

4月底至5月初的连续降水加重了赤霉病的侵染危害，5月下旬出现集中显症，江汉平原平均病穗率一般在25%左右，黄淮南部麦区病穗率一般在10%～15%，较5月上旬有很大扩展。安徽和江苏常发区的发病面积分别占小麦播种面积的55.55%和45.14%，低于大流行的2012年和2016年，平均病穗率一般在5%以下，病粒率在1%以下，病情得到有效控制。

1.2 小麦条锈病

2018年小麦条锈病总体偏轻发生，发生面积163.40万hm^2，比2017年减少69.94%，是2001年以来第四轻发年份（图21）。其中，西南、西北麦区中等发生，其他麦区偏轻或轻发生。

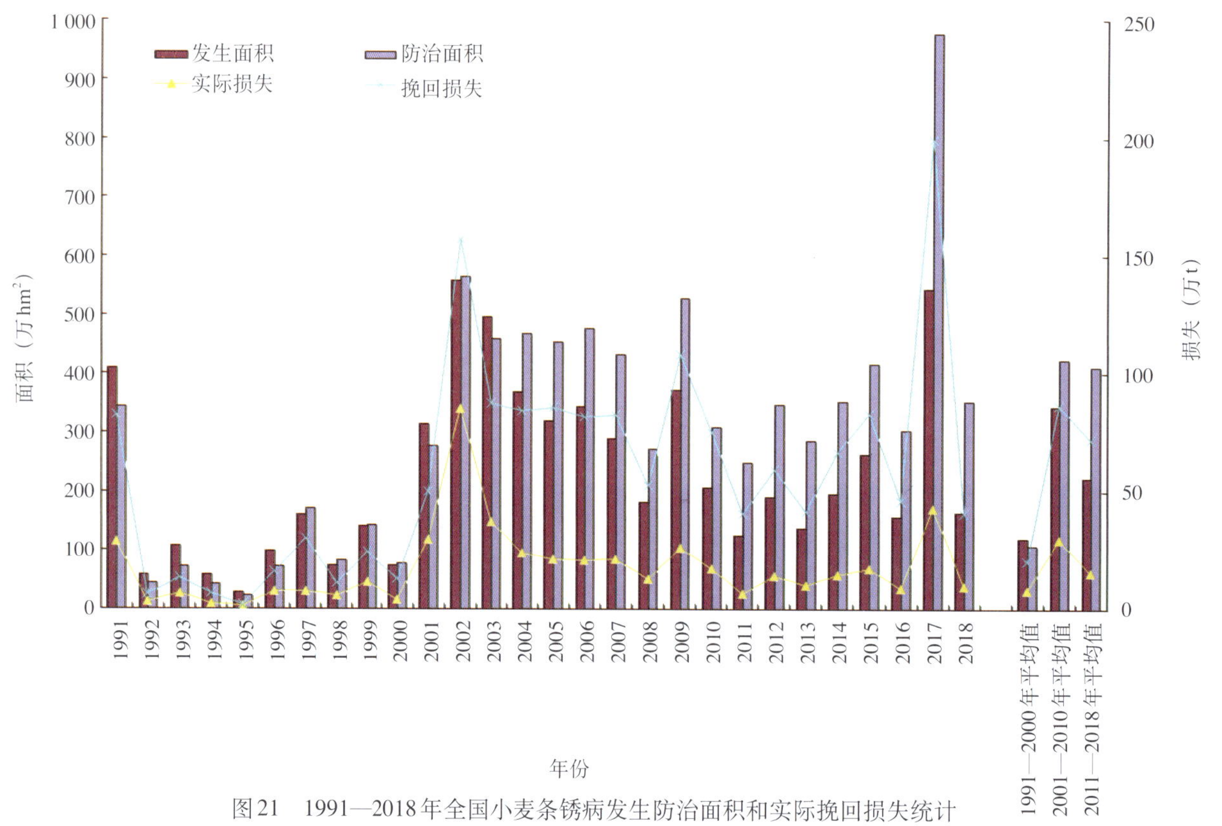

图21 1991—2018年全国小麦条锈病发生防治面积和实际挽回损失统计

1.2.1 秋苗发生范围广、病情重

甘肃、宁夏、陕西秋苗主发区发生面积25.39万hm^2，是2012年以来发生面积最大的，比2014—2016年分别增加55.1%、76.3%和94.8%，局部早播麦田发病中心多、病情重。其中甘肃发生面积20.04万hm^2，同比增加94.8%，各地平均病田率20%～60%，局部地区达100%；平均病叶率0.01%

～0.8%，是2017年同期的2～8倍，天水市麦积区最高达48.5%。

1.2.2 早春病情扩展缓慢

受麦播偏迟和1月中旬极端低温影响，条锈病早春扩展缓慢。3月初河南、湖北、四川、贵州、云南、重庆、陕西和甘肃8省份39市144县发生面积3.75万hm^2，发生县数和面积比2017年分别减少50.2%和78.0%，比2011—2016年同期平均值分别减少4.7%和41.6%。

1.2.3 华北、黄淮发生程度较轻，西北、西南发生平稳

黄淮麦区发病田一般病叶率为2%～5.1%，陕西宁强最高达44.7%；华北、江淮麦区零星发生，山东发病田一般病叶率在1%以下。西北麦区发病田一般病叶率为4.3%～28%，新疆伊犁河谷麦区发生程度较重；西南四川麦区平均病田率、病叶率分别为27.8%、5.7%，发生程度轻于常年。

1.3 小麦白粉病

2018年小麦白粉病总体中等发生，发生面积544.03万hm^2，比2017年减少10.59%，少于近5年平均值和2001年以来的平均值，是2011年以来第三轻发年份，与2013年基本持平（图22）。其中，江苏沿淮、里下河及淮北，山东西部、南部和胶东半岛，陕西渭南和铜川局部偏重发生，黄淮、华北南部、西北、西南的大部分麦区中等发生，其他麦区偏轻或轻发生。

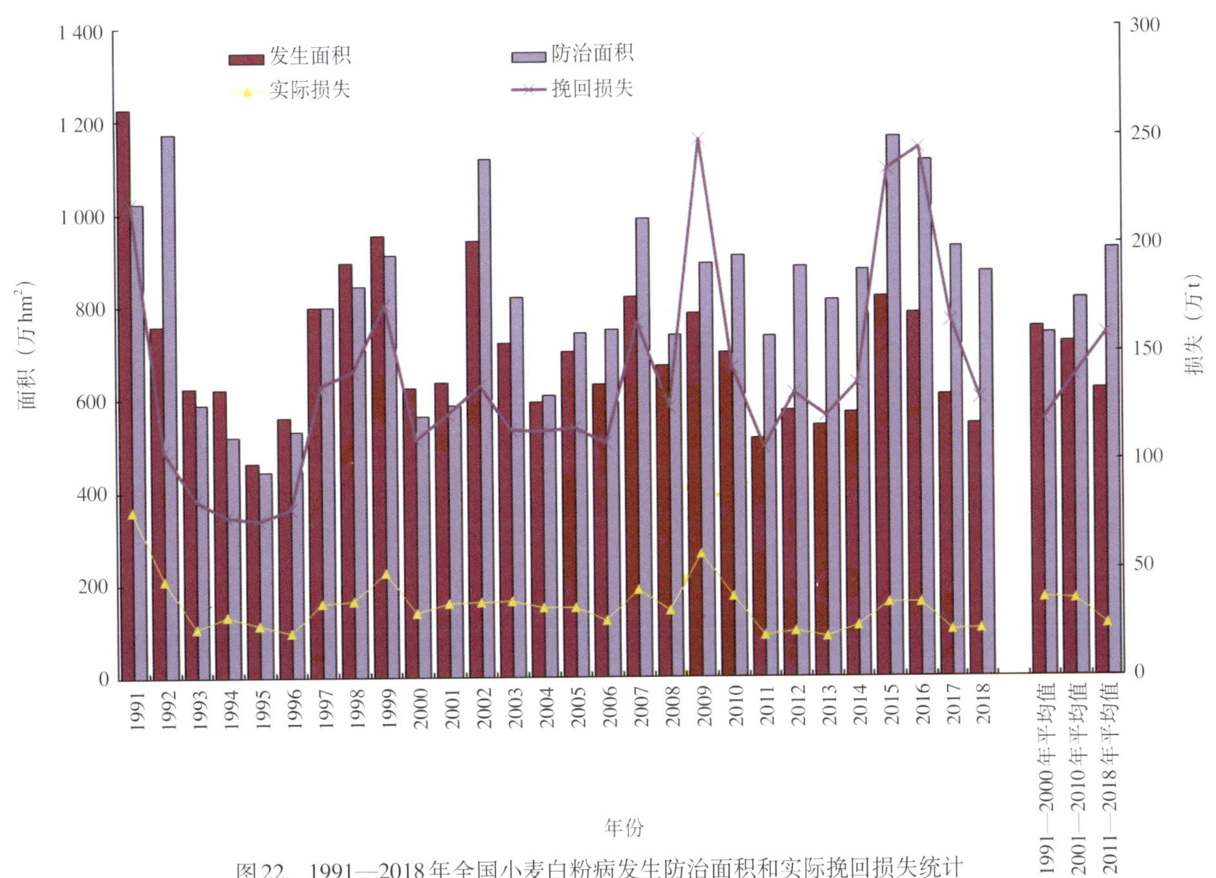

图22 1991—2018年全国小麦白粉病发生防治面积和实际挽回损失统计

1.3.1 秋苗发病比较普遍，病情轻

秋苗发病面积36.07万hm^2，是2010年以来发病面积最大的，山西、甘肃、陕西平均病叶率为0.9%～1.3%，宁夏南部、河南西部、河北南部等地零星见病，病情轻于2017年同期和近年同期。

1.3.2 黄淮和华北南部麦区发生程度轻于近年，局部发生程度较重

河北5月下旬调查，一般病田率15%～30%，病株率5%～40%，安新县重发田块病株率达94%，一般病叶率2%～10%，辛集市最高达100%；江苏系统田平均病叶率36.7%、病情指数12.72，泰州、

盐城、淮安、徐州等地病叶率超过40%；山东济南、烟台、滨州等地最高病叶率达100%。

1.3.3 品种间病情差异大

据调查，扬辐麦4号、宁麦13在江苏病株率分别达73.3%、78.6%，上三叶病叶率分别为61.9%、38.1%，病情指数分别为36.9、18.3，明显高于其他品种。

1.4 小麦纹枯病

2018年小麦纹枯病总体中等发生，发生面积779.12万hm^2，比2017年减少8.93%，少于近5年平均值和2001年以来的平均值（图23）。其中，湖北，河南，江苏沿淮、里下河、淮北等地局部偏重发生，江苏大部分地区，山东中部、西南部和半岛地区中等发生，华北及西南大部分麦区偏轻或轻发生。

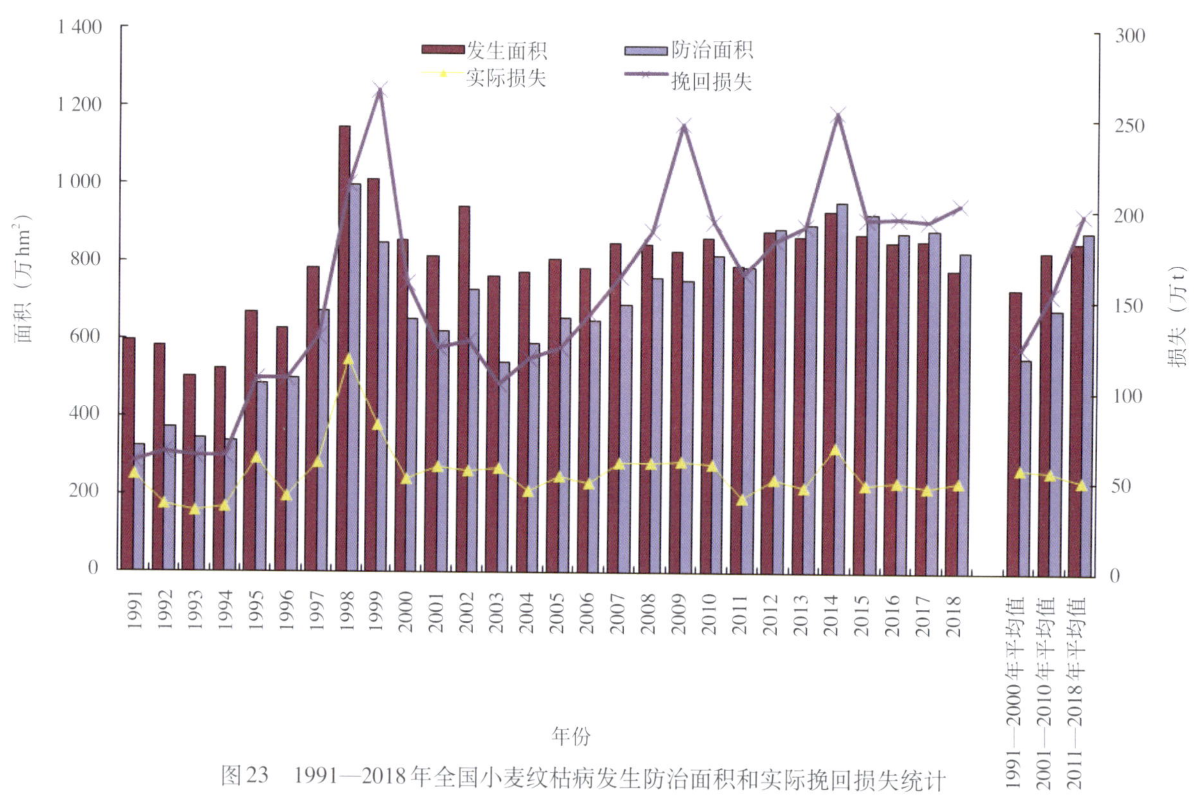

图23 1991—2018年全国小麦纹枯病发生防治面积和实际挽回损失统计

1.4.1 前期病情发展缓慢，早春发生面积较小

3月中旬调查，纹枯病在华北、黄淮和西南等麦区发生292.60万hm^2，同比减少26.9%，一般病株率0.5%～9%，轻于2017年同期；山东南部、安徽沿江和淮北局部地区发生程度相对较重，一般病株率10%～15%，山东泰安、莱芜、菏泽和河北永年最高病株率达80%。

1.4.2 东部麦区发生普遍，病情总体轻于近年，局部危害重

4月中、下旬至5月上旬，东部广大麦区小麦纹枯病进入快速扩展期。河南5月中旬调查，全省平均病田率66%、平均病株率25.9%、白穗率1.4%（最高50%），驻马店、周口、开封、焦作、南阳等地病株率较高，达22.7%～53.3%；湖北4月下旬至5月上旬乳熟期调查，病株率为10.6%～86%、平均45.0%，病情指数为2.6～34.8、平均18.3，白穗率为0.1%～8.1%、平均1.4%，轻于近年。

2 主要害虫

2.1 蚜虫

小麦蚜虫总体偏重发生，轻于2017年，发生面积1 298.89万hm^2次，比2017年减少14.93%，少

于近5年平均值及2001年以来的平均值（图24）。其中，河北南部局部大发生，山东、四川偏重发生，长江中下游、华北、黄淮、西南、西北的其他麦区中等或偏轻发生。

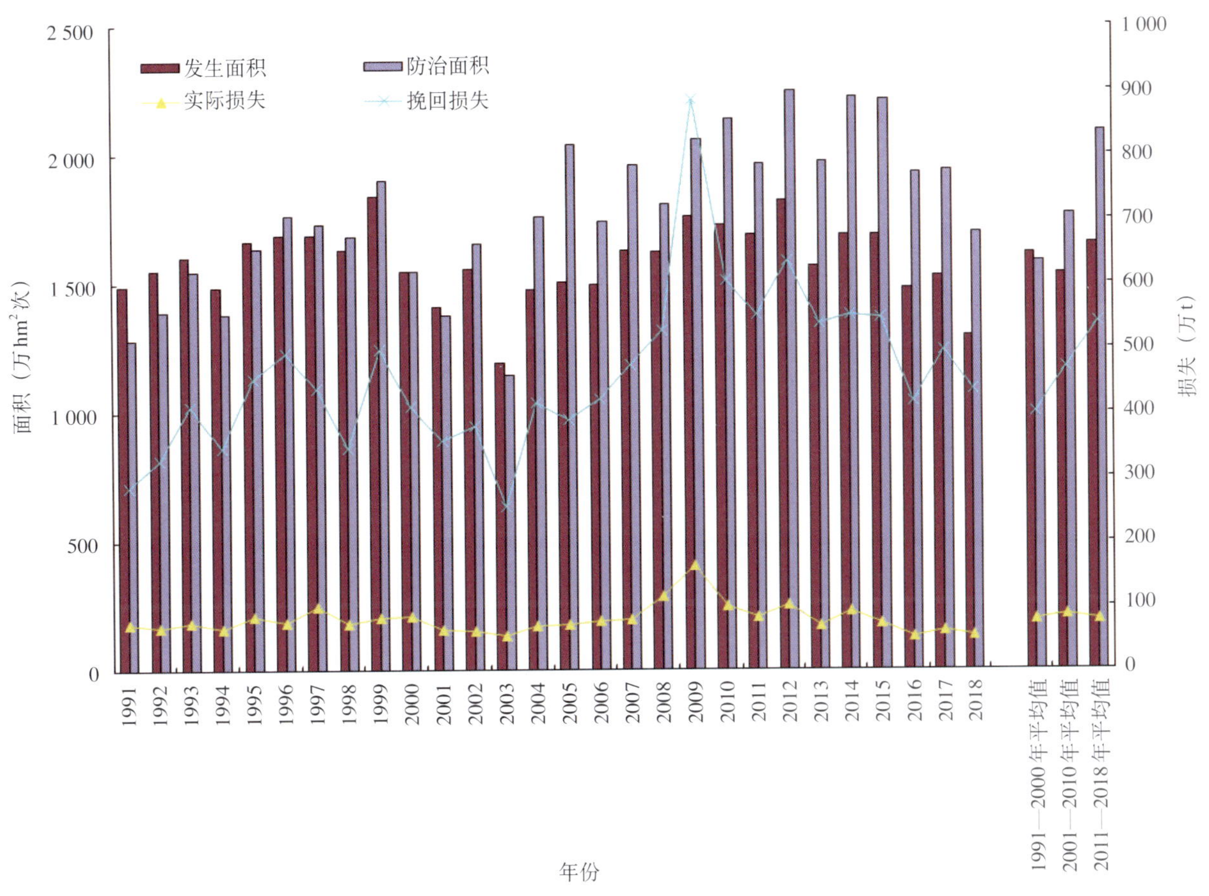

图24　1991—2018年全国小麦蚜虫发生防治面积和实际挽回损失统计

2.1.1　冬前基数普遍偏低

江淮、黄淮、华北和西北麦区发生面积102万hm²，同比减少21.6%，平均百株蚜量在1.5～12.5头，低于近5年同期平均虫量。

2.1.2　早春虫量较低

3月中旬调查，黄淮、西南等麦区发生89.33万hm²，同比减少15.6%。平均百株蚜量西南麦区在70～490头，黄淮麦区在25头以下，河北南部零星发生，贵州六盘水、重庆潼南最高百株蚜量在500～1 000头，云南易门最高达13 000头，其他地区重发田块百株蚜量一般在100头以下，大部分麦区虫量低于2017年同期。

2.1.3　穗蚜发生程度轻于近年，局部虫量高

发生盛期各地调查，华北大部分麦区百株虫量在200～1 500头，西南四川、贵州分别为810头和185头，西北大部分麦区在60～150头，黄淮麦区平均虫量大部分在50头以下，低于2017年同期。河北乐亭、山西运城、山东济宁最高虫量达1 648头、9 500头、11 970头和25 600头，低于2017年同期。

2.2　麦蜘蛛

麦蜘蛛总体偏轻发生，发生面积548.19万hm²，比2017年减少6.28%，低于近5年平均值和2001年以来的平均值（图25）。其中，河南中等发生，黄淮的其他麦区及江淮、长江中下游、华北麦区偏轻发生，西北大部分麦区轻发生。

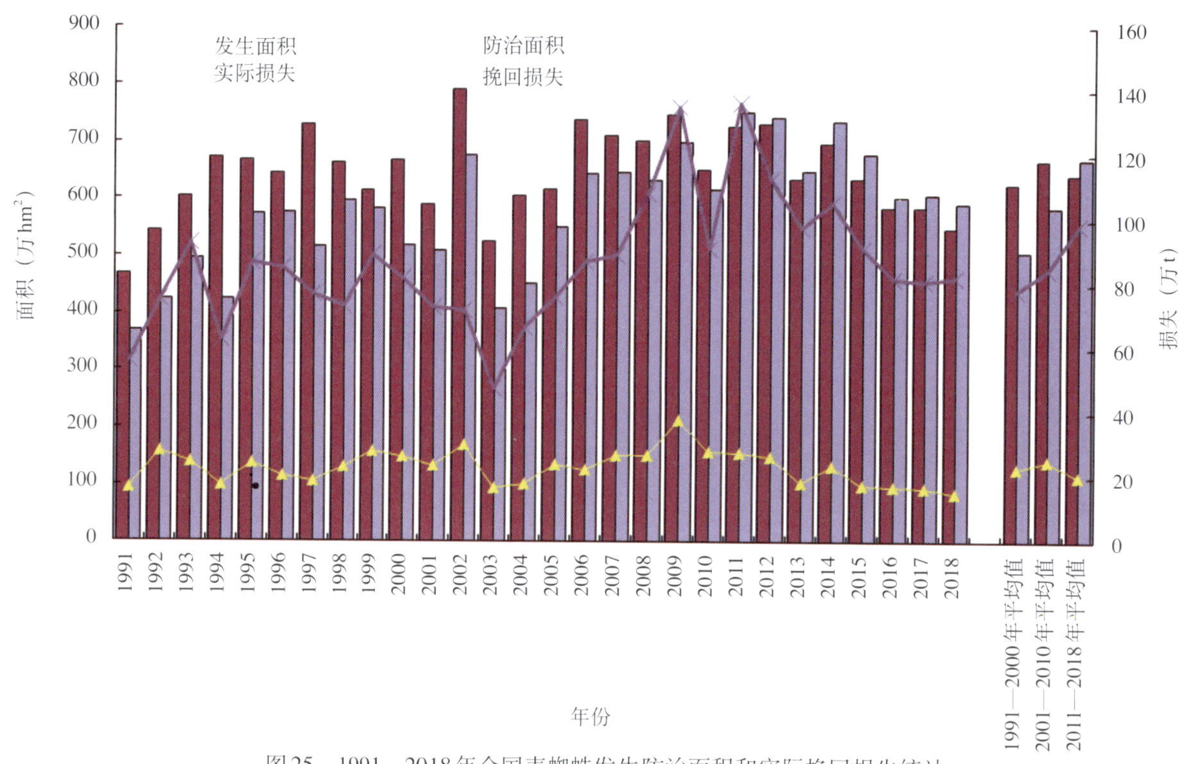

图25　1991—2018年全国麦蜘蛛发生防治面积和实际挽回损失统计

2.2.1　冬前基数偏低

华北、黄淮等麦区发生面积155.47万hm²，比2017年减少19.1%，黄淮海和江汉平原麦区平均每33cm行长（百株）螨量2～20头，虫量总体偏低，山东临沂、青岛、济南和山西运城盐湖最高密度在200～400头，河北灵寿最高达800头。

2.2.2　江汉、江淮麦区虫口密度普遍偏低

湖北2月上旬至3月上旬返青拔节期调查，螨株率为5%～45%，平均为8.9%，每33cm单行螨量11.5～180头，平均为36头；春季3月盛发期调查，螨株率为6.3%～55%，平均为15.2%，每33cm单行螨量20～205头，平均为118头，低于2017年；3月下旬虫量达到高峰，整体虫量不高，钟祥市高密度地块平均螨量为360头，最高2 000头，沙洋县、南漳县最高螨量分别为1 480头和850头。

2.2.3　华北、黄淮麦区前期虫量上升慢，局部地区虫量较高

前期气温起伏较大，麦蜘蛛虫量上升缓慢，一直处于低水平发展状态，进入4月虫量上升明显。山东4月下旬调查，全省平均每33cm单行虫量为135头，高于2017年同期的80.7头，最高达1 000头左右；河南3月中旬至4月中旬盛期平均虫田率为57%，平均每33cm单行虫量为89头，最高5 000头，漯河、三门峡、洛阳、南阳、驻马店、商丘等地虫量较高，平均每33cm单行虫量在112～398头；陕西4月上、中旬盛期调查，平均每33cm行长螨量为71.4头，低于2017年的148.6头及2016年的101.4头，汉台区最重田块达4 700头；安徽大部分麦区平均每33cm行长螨量在50头以下，但沿淮、淮北部分地区虫量在53～100头，重发田块达275～810头。

2.3　小麦吸浆虫

小麦吸浆虫总体偏轻发生，轻于2017年，发生面积96.36万hm²，比2017年减少12.16%，明显低于近5年平均值和2001年以来的平均值（图26）。其中，河北中等发生，陕西、天津偏轻发生，华北、黄淮和西北的其他麦区轻发生。

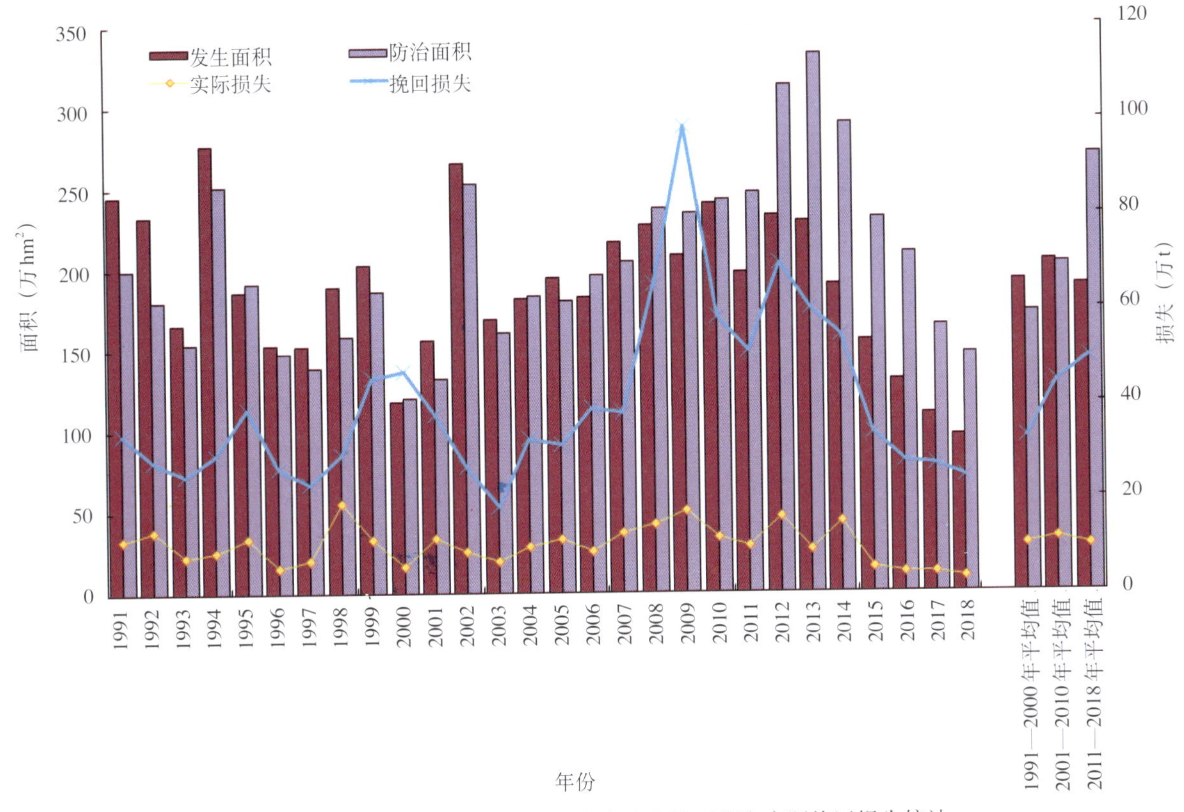

图26 1991—2018年全国小麦吸浆虫发生防治面积和实际挽回损失统计

2.3.1 冬前发生基数偏低，高密度区域明显减少

大部分发生区域虫口密度低于2017年和常年。秋季淘土调查平均每样方*虫量为0.3～1.4头，比常年和2017年同期减少28.4%～57.1%；河北正定、陕西扶风等局部田块虫口密度分别为228头和33头，高密度田块和虫量明显减少。

2.3.2 春季淘土调查虫量低于近年

华北麦区平均每样方虫量为0.43～2.8头，天津高达8.08头；黄淮麦区平均每样方虫量为0.62～1头，西北麦区为0.1～3.2头，低于近年。

2.3.3 发生盛期成虫虫量偏低，局部地区发生程度重

华北麦区平均百穗虫量为41.2～255头，被害穗率为5%～10.7%，河北正定最高百穗虫量为5 300头，被害穗率达36.5%；黄淮麦区平均百穗虫量为6.9～10.5头，山西为190头，山西、河南最高达2 800头、300头，平均被害穗率为0.02%～6.3%，陕西眉县发生程度重于近年，平均被害穗率、被害粒率分别为27.3%、3.2%，平均百穗虫量为237.3头，最高达1 606头。

3 其他病虫害

3.1 小麦茎基腐病

小麦茎基腐病在华北、黄淮麦区的山东、河南、河北等地发生94.46万hm²，发生面积呈逐年扩大态势。河北病田率一般为10%～30%，是近年来发病最严重的，广平县病田平均病株率、侵茎率均为25%，辛集市侵茎率最高达98.9%。山东病田率一般在10%～50%，局部重发地区达60%以上，最高为100%；发病田病株率一般在4%～30%，重的达40%～80%，个别重发地块超过80%。河南周口

* 一取样器取的土（100cm² × 20cm）为一个样方。——编者注

平均病田率1.5%，平均白穗率0.1%，最高5%。

3.2 小麦叶锈病

小麦叶锈病在黄淮、华北、江淮、西南和西北麦区偏轻发生，发生面积250.65万hm^2，同比减少19.68%，轻于2017年和2016年。华北麦区的河北、山东一般病叶率分别为2%～5%、0.1～0.5%，严重地块在20%左右，河北正定最高达80%；黄淮麦区一般病叶率为0.6～10%，河南南阳、陕西合阳发生程度较重，平均病叶率分别为18.3%、42.9%，最高达80%以上。

3.3 地下害虫

蛴螬、金针虫、蝼蛄等地下害虫在华北、黄淮、西北等麦区总体偏轻发生，发生面积382.65万hm^2，同比减少10.75%。华北麦区一般密度为0.7～3头/m^2，天津静海最高为3.4头/m^2；黄淮麦区一般密度为0.5～2.4头/m^2，陕西千阳最高为45.45头/m^2。平均被害株率，陕西各地一般在2%以下，局部地区达5%～10%，临渭区最高超过30%，河南为0.5%～1.3%。

3.4 其他病虫害

黑穗病、病毒病、全蚀病、根腐病、叶枯病、胞囊线虫病、雪腐病在华北、黄淮和西北部分麦区有一定程度发生。一代黏虫在江淮、黄淮麦区，麦叶蜂在黄淮、华北麦区，土蝗在华北、西北麦区，灰飞虱在江淮、黄淮稻麦轮作区，麦叶蜂、麦茎蜂在华北、西北部分麦区均有一定程度发生，白眉野草螟在山东的发生程度轻于2017年。

（执笔人：黄冲）

2018年全国玉米主要病虫害发生概况与分析

1　发生概况

2018年全国玉米病虫害总体偏轻发生，轻于2009—2017年，病虫害发生面积5 872万hm^2次，其中虫害发生面积4 404万hm^2次，病害发生面积1 468万hm^2次，比2017年分别减少11.2%、12.5%和7.3%（图27）。其中，黏虫、棉铃虫、草地螟、二点委夜蛾、亚洲玉米螟、玉米叶螨、双斑萤叶甲、大斑病等病虫害在部分地区发生为害程度较重，局部地区造成一定损失。

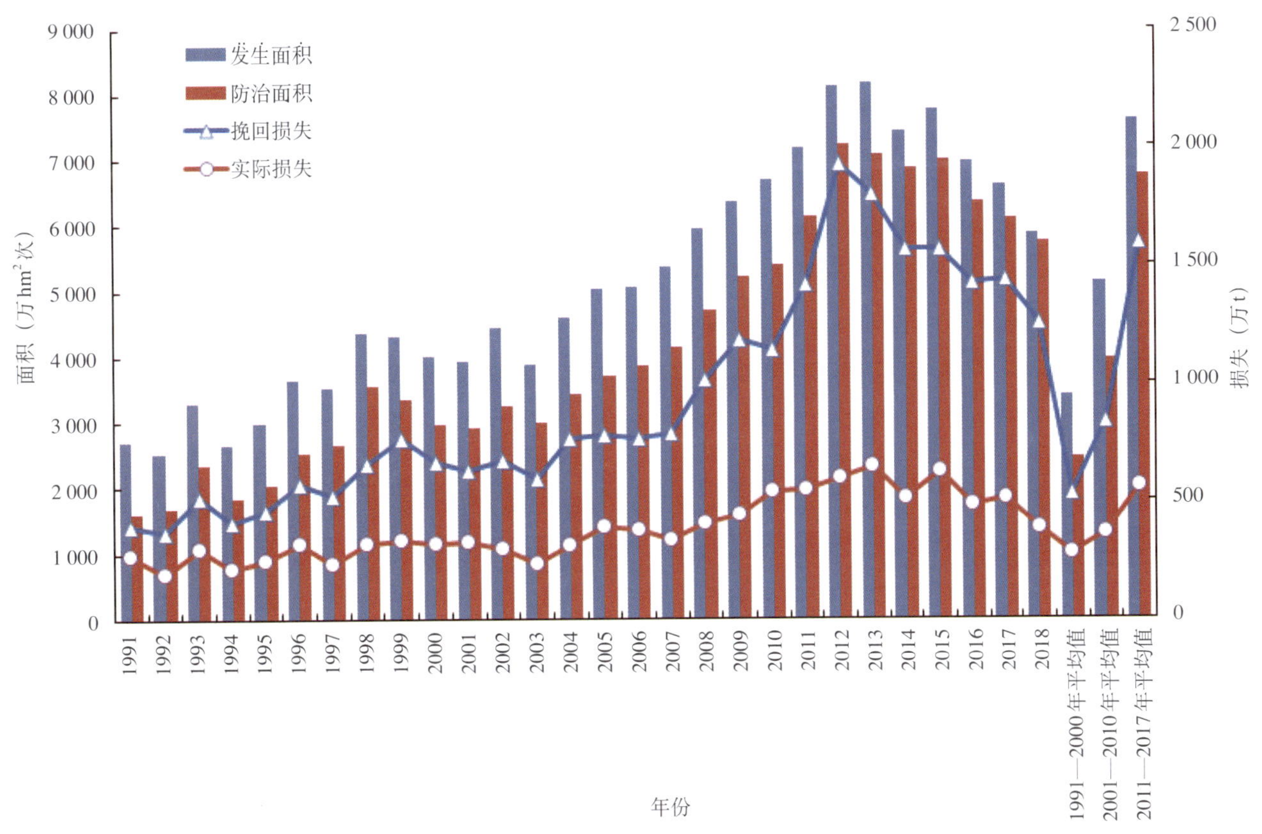

图27　1991—2018年全国玉米病虫害发生防治面积和实际挽回损失统计

2　玉米虫害

2.1　亚洲玉米螟

亚洲玉米螟（以下简称玉米螟）在黑龙江、辽宁、吉林、内蒙古和江苏局部偏重发生，华北、黄淮、西南等大部分地区偏轻至中等发生，全国发生面积为1 852万hm^2次，比2017年减少11.9%。

2.1.1　一、二代幼虫总体为害程度较轻，局部偏重

黑龙江一代幼虫总体中等至偏重发生，发生程度轻于2017年与常年，冬后全省平均百秆活虫量为99.3头，较2017年上升31%，但受春季严重干旱和初夏6月少雨水的气象条件影响，玉米螟越冬幼虫化蛹、羽化期间死亡率较高，不利于玉米螟发生。江苏一代幼虫中等发生，沿海局部偏重至大发生，

发生程度重于2017年，发生盛期平均被害株率11.2%，其中大丰区、滨海县被害株率分别为54.4%和66%。安徽一代幼虫偏轻发生，肥东县、南谯区春玉米平均被害株率5.5%，平均百株虫量3.9头。山东一代幼虫偏轻发生，平均百株虫量12.8头、最高105头，发生盛期时平均被害株率6%、最高33%。天津二代幼虫田间被害率3%～8%，百株虫量一般10～20头、最高30头。河北中南部二代幼虫偏轻发生，花叶率一般1%～5%，重发地块15%左右，局部被害率偏高，邯郸市永年区最高80%；北部春玉米区被害株率一般13%～20%，重发地块30%～50%，丰宁满族自治县最高70%，平均百株虫量28.7头，丰宁满族自治县最高110头。山西二代幼虫中等发生，平均百株虫量6～8头，严重地块15头；平均被害株率10%，严重地块25%，总体轻于常年。山东二代幼虫总体偏轻发生，平均被害株率6.8%、最高35%，平均百株虫量5.3头、最高45头。

2.1.2 三代幼虫局部发生为害重

天津偏重发生，为害盛期雌穗平均被害率20%、最高90%，百株虫量最高100头。河北偏重发生，平均百株虫量20.9头，明显高于2017年的15.6头；局部地区平均百株虫量高，如滦县为112.5头，严重地块高达180头。山西中等发生，运城部分田块偏重发生，平均百株虫量21头、最高40头，平均被害株率16.5%、临猗县最高45%。山东偏重发生，平均百株虫量22.3头、最高109头。河南中等发生，全省平均百株虫量15.5头；驻马店等地发生程度较重，平均被害株率35.9%、最高100%，平均百株虫量42.1头、最高136头。江苏偏轻至中等发生，平均百株虫量18.4头，沛县最高达72.6头。

2.1.3 穗期玉米螟与棉铃虫、桃蛀螟混合发生，局部虫量高

玉米穗期，三代玉米螟与棉铃虫、桃蛀螟混合发生，但各地优势种类占比不同。如河北多数地区以玉米螟为主要种类，永年区、霸州市、沧县等以棉铃虫为主要种类，灵寿县、阜城县以桃蛀螟为主要种类；全省棉铃虫虫量总体低于2017年，三代玉米螟和桃蛀螟虫量明显高于2017年，且桃蛀螟虫量增长明显。河北全省平均有虫株率37.9%（包括玉米螟、棉铃虫、桃蛀螟等），平均百株虫量44.7头，其中棉铃虫平均百株虫量14.4头，玉米螟平均百株虫量20.9头，桃蛀螟平均百株虫量11.2头。山东中东部、间作和套种面积较大的地区以桃蛀螟、玉米螟为主，如烟台调查糯玉米雌穗平均百穗有桃蛀螟312头、玉米螟112头、棉铃虫10头，夏玉米雌穗平均百穗有桃蛀螟58头、玉米螟43头、棉铃虫23头；西部地区以玉米螟和棉铃虫为主。

2.2 二点委夜蛾

二点委夜蛾总体偏轻发生，局部田块偏重发生，全国发生面积48.5万hm^2，比2017年减少19.2%。

2.2.1 一代成虫发生早，蛾量高，蛾峰多

河北中南部地区一代成虫始盛期为5月31日至6月3日，蛾峰日为6月6～8日，比常年早4～7d；继6月6～8日出现大蛾峰后，6月14～19日大多数地区又出现小蛾峰，定州市等地区一直持续到6月24日左右。河北各地监测调查，有10个县一代成虫累计诱蛾量超过5 000头，高于诱蛾量较高的2011年、2012年、2016年，最高的邯郸市永年区达23 885头；有10个县蛾峰日单灯诱蛾量超过1 000头，达历年新高。山东见蛾早，其中滕州市、章丘区始见期分别为4月18日、5月30日，分别比2017年早1个多月、10d；各监测点累计诱蛾量明显高于2017年，其中商河县、章丘区、淄博市、滕州市累计诱蛾量分别为2 874头、992头、1 558头、1 423头，分别是2017年的54倍、76.3倍、2.3倍、7.6倍，以上监测点蛾峰日蛾量较高，分别为966头、222头、414头、123头。

2.2.2 二代幼虫总体偏轻发生，冀南、鲁中西部、豫北为害较重

河北二代幼虫总体为害偏轻，发生地块一般1～6头/百株，高的8～15头/百株，最高单株3～5头，一般被害株率为1%～3%，多在田间地头麦秸麦糠较多的区域发生。河北重发地块主要出现在邯郸、邢台等南部地区。如馆陶县重发地块虫口密度13头/百株，被害株率一般5%～10%，严重的达20%；安新县重发地块每平方米虫量12头，单株根际最高虫量4头，一般发生地块被害株率1%～2%、最高10%～15%；永年区重发地块虫口密度10头/百株、高的3头/单株，最高被害株率达32%、枯心苗率15%～30%、死苗率70.8%，补种面积200hm^2。山东总体发生程度较轻，中西部地

区发生程度较重，为害高峰期各地被害株率一般1%～10%、最高22%，发生地块一般密度10～30头/百株、重的2～6头/株，最高密度10头/株或48头/m^2，邹城市局部有死苗现象。河南轻发生，鹤壁局部地区中等发生，田间平均被害株率1.6%、最高17%。山西总体轻发生，主要发生在南部运城、晋城等地夏玉米田，2018年是近几年发生程度较轻的年份，一般田块虫口密度0.2～0.5头/m^2，万荣县个别发生严重田块3～5头/m^2、最高15头/m^2。江苏轻发生，仅在丰县、铜山区、邳州市、响水县、东台市等地零星查见田间为害幼虫。安徽仅在萧县局部零星发生，被害株率0.67%，百株虫量0.03头。

2.3 黏虫

全国玉米黏虫发生面积260.4万hm^2，比1991—2000年平均值稍高，低于2001—2010年以及2011—2017年平均值（图28）。

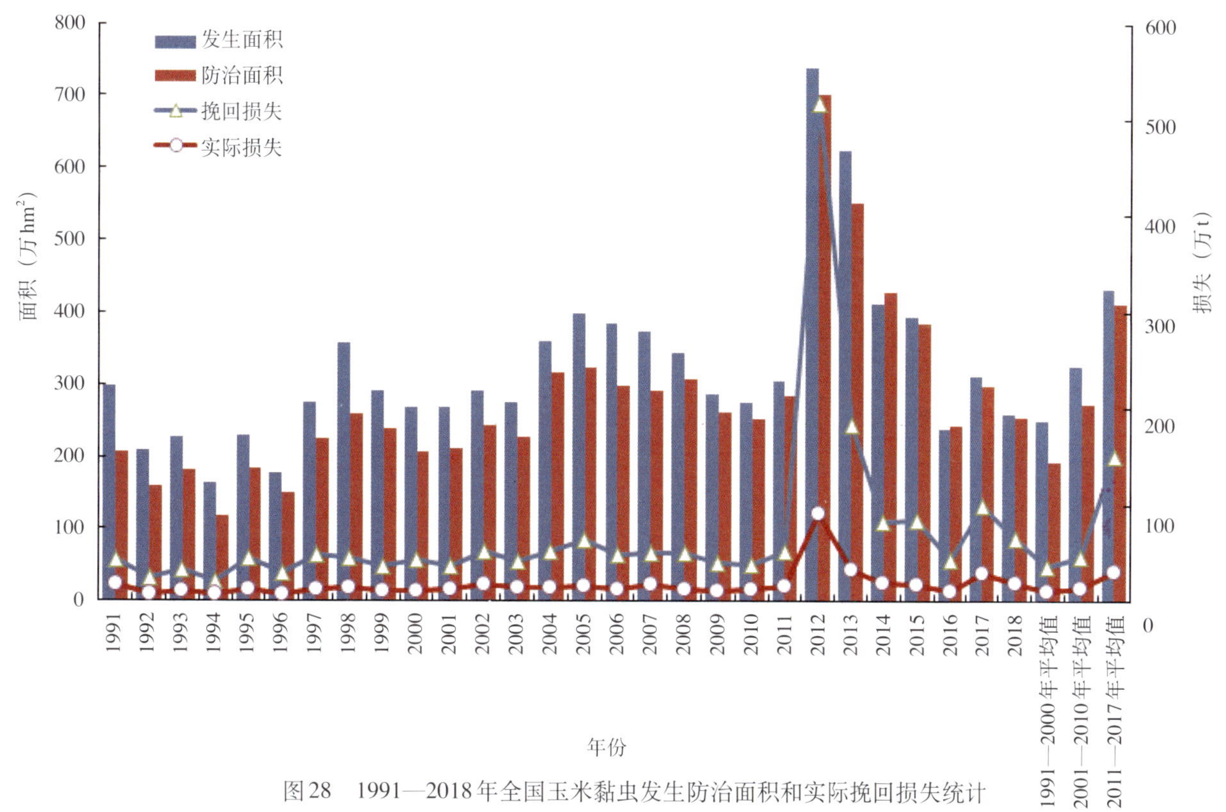

图28 1991—2018年全国玉米黏虫发生防治面积和实际挽回损失统计

2.3.1 二代幼虫发生范围广，局部密度高

二代黏虫总体中等发生，辽宁、内蒙古、陕西、山西部分地区出现高密度田块，发生面积183.5万hm^2，比2017年减少20.1%。山西玉米田平均百株虫量38头、最高1 300头。内蒙古中等发生，东部地区局部偏重发生，最高百株虫量达1 500头。辽宁偏重发生，海城市最高密度达8 000～10 000头/百株。陕西宝鸡部分田块为害较重，严重田块被害株率80%～100%，百株虫量60头以上。

2.3.2 三代幼虫发生范围广，高密度虫量田块多

三代黏虫在黑龙江、辽宁、内蒙古、河北、山东的部分县（市、区）管理粗放、杂草多的玉米田虫量高、为害重。黑龙江有17个县（市、区）出现高密度田块，重发地块平均单株虫量10头以上，最高150多头。内蒙古兴安盟玉米田最高密度1 500～2 000头/百株。辽宁西北朝阳、阜新局部偏重发生，重发地块百株虫量100～200头。天津南部、河北中部最高密度达2 000头/百株。

2.3.3 三代幼虫龄期不整齐，为害持续时间较长

黑龙江田间三代幼虫虫龄不整齐，不同县（市、区）、同一县（市、区）不同乡镇和地块间虫龄差

异明显，如南部五常市、肇东市、呼兰区等8月中旬调查，发生早的地块三代幼虫开始大量化蛹，但田间仍有四至六龄幼虫在严重为害。河北7月底开始出现三代幼虫为害，8月中旬进入为害盛期，比常年偏晚一周左右。山东滕州三代幼虫自8月上旬发生后，为害期持续到9月中旬。

2.4 棉铃虫

全国玉米棉铃虫发生面积495.7万hm^2，比2017年减少11.4%，接近2013—2017年平均值(图29)。

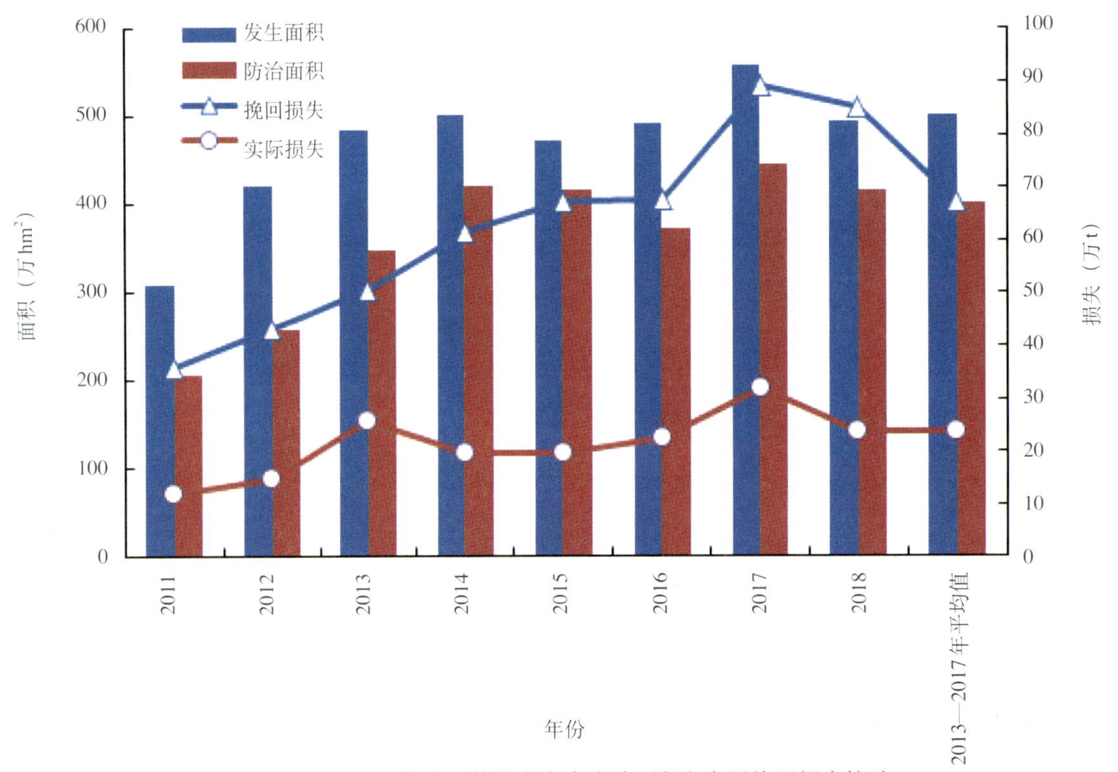

图29 2011—2018年全国棉铃虫发生防治面积和实际挽回损失统计

2.4.1 穗期三、四代幼虫局部为害重

经过逐代累积，棉铃虫在河北、山东、山西、河南等地区对穗期玉米为害较重。河北玉米穗期棉铃虫平均虫口密度为14.4头/百穗，滦县严重地块高达180头/百株。山东玉米田一般百穗虫量5～10头，严重地块15头以上。近几年棉铃虫已成为山西玉米穗期主要害虫，三、四代棉铃虫主要为害春玉米的雌穗及夏玉米的叶片，三代一般百穗虫量40～45头、最高110头，平均被害株率40%～45%、最高100%。河南南阳、开封、鹤壁四代棉铃虫偏重发生，为害盛期平均百穗虫量分别为15.4头、54.5头和75头，最高246头。天津三代棉铃虫发生高峰期主要为害雌穗花丝，玉米抽雄、吐丝期与三代棉铃虫产卵盛期相吻合的地块受害重，被害株率为5%～15%，最高40%。

2.4.2 为害作物种类多，混合发生现象严重

棉铃虫在棉田外的作物田中保持较高的虫量，除玉米以外，还严重为害花生、大豆、蔬菜（番茄、青椒、茄子、豆角）、中药材、油葵等作物，在黄淮、华北地区已成为为害花生、油葵等作物的主要害虫。如河北平乡县二代棉铃虫幼虫为害油葵果盘，咬食籽粒，平均百盘虫量22头，最高百盘虫量63头，单盘最高6头；馆陶县花生田平均百株虫量17头，最高百株虫量25头。山东花生田发生普遍，局部虫株率90%，平均百墩虫量60头，严重地块300头以上；大豆一般百株虫量2～5头，严重地块10头以上；辣椒一般百株虫量30头以上。此外，棉铃虫在河北、山东等地棉田外主要发生在玉米上，与玉米螟、桃蛀螟等穗期钻蛀性害虫混合为害现象普遍。

2.5 玉米叶螨

玉米叶螨总体中等发生，局部偏重发生，全国发生面积126.9万hm²。山西中等发生，太原、忻州、大同、朔州部分田块偏重发生，春玉米田重于夏玉米田，前期螨量上升快，但高峰日螨量低于2017年。其中春玉米百株螨量3 000～8 000头，最高2万头以上，低于2017年；夏玉米百株螨量1 000～2 500头，最高5 000头，高于2017年。内蒙古中等发生，东南部地区偏重发生，赤峰一般百株螨量4 000～20 000头，螨株率20%～40%，重发地块百株螨量10万～15万头，螨株率100%，部分重发地块植株叶片干枯。宁夏偏轻发生，利通区、惠农区6月25日调查平均单株螨量分别为7头、3头，7月24日调查分别为10头、6头。

2.6 双斑萤叶甲

双斑萤叶甲总体中等发生，局部偏重发生，全国发生面积164.3万hm²。其中，河北北部地区发生为害程度呈上升趋势，平均百株虫量50头、最高240头；承德县虫株率25%～40%，单株虫量3～4头。内蒙古偏重发生，为害盛期平均虫口密度200～1 000头/百株、最高1 500头/百株，7月中旬至8月中旬为为害盛期，为害期一直持续到9月上旬。山西中等发生，朔州、大同局部偏重发生，杂草多的河灌区、水浇地发生程度较重；朔州一般田块虫口密度250～300头/百株、重发地块2 000～3 500头/百株，被害株率50%～60%，局部高达100%，为害期长达2个多月。

3 玉米病害

3.1 玉米大斑病

玉米大斑病总体偏轻发生，局部偏重发生，全国发生面积352.2万hm²次，比2017年发生面积增加4.8%，但是低于2008—2017年平均值（图30）。北京平均病株率2.5%、最高20%。河北北部春玉米区中等发生，感病品种偏重发生，8月下旬进入发病高峰期；承德县一般地块病株率35%～50%，

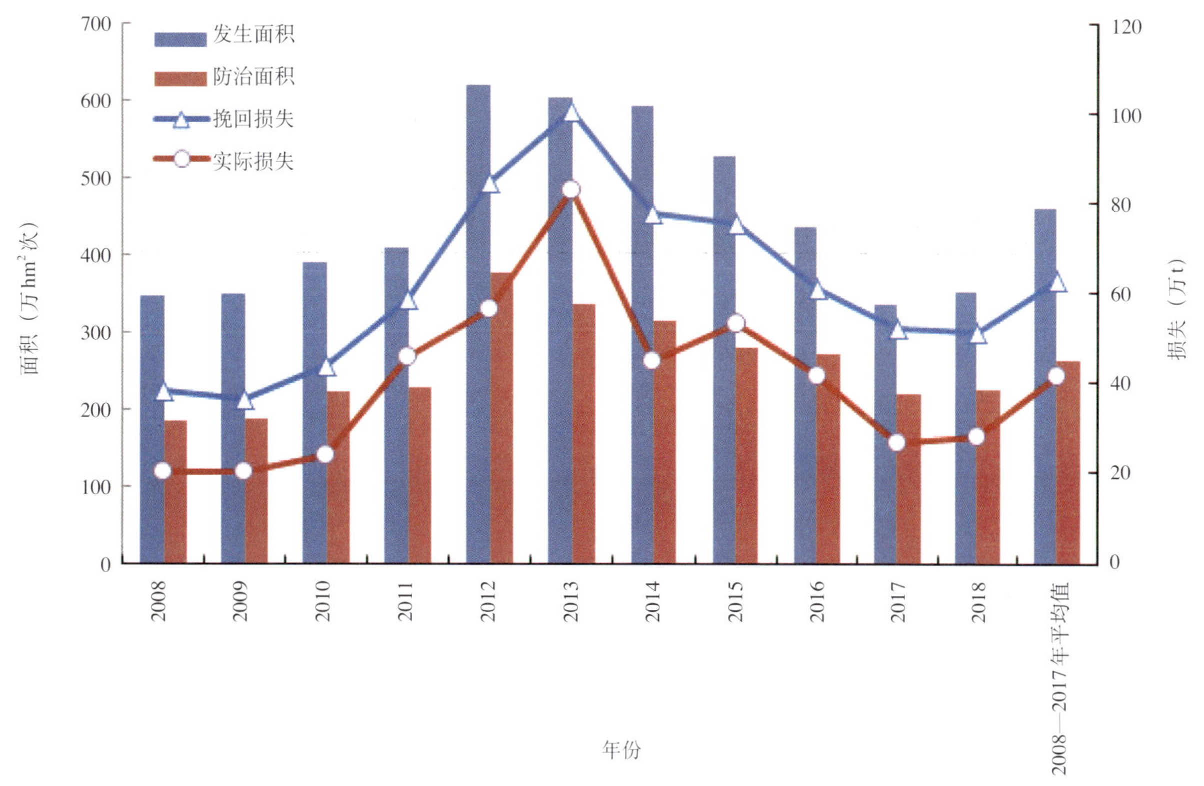

图30　2008—2018年全国玉米大斑病发生防治面积和实际挽回损失统计

严重地块100%，2级、3级病斑占70%以上。山西为害盛期在8月下旬至9月上旬，比常年推迟5～10d，一般田块病株率70%～80%，高水肥地和留苗密度大的地块以及低洼下湿积水地块发生程度较重，严重田块达100%。山东总体发生程度轻于2017年和常年，地块、品种间差异较大，海阳市9月2日病田率100%、病株率23.3%、病叶率12%～38%。河南轻发生，全省平均病株率6.4%、病叶率4.3%，主要发生在洛阳、三门峡、济源，2018年是近几年发生程度最轻的一年。湖北6月下旬至7月初调查，一般田块平均病株率12.9%、病叶率3.0%，最高病株率100%、病叶率33%。

3.2 玉米锈病

玉米锈病在黄淮海大部分地区偏轻发生，局部偏重发生，全国发生面积182.5万hm^2次，低于2015—2017年平均值（图31）。河北发生面积大于2017年，但程度较轻，各县（市、区）均为零星发生，广平县、大名县调查，发病品种为郑单958、隆科208等；北部地区局部地块普通锈病病株率偏高，万全区发病地块平均病株率8%、最高13%，平均病叶率5%、最高12%。山东发生程度较轻，轻于2017年和常年；威海南方锈病发生程度较重，田间平均病叶率34.2%、最高50%，最重的文登区病田率达40%。河南发生盛期在8月底至收获期，平均病株率12.7%，平均病叶率15.4%；驻马店发生程度较重，发生盛期在9月中旬，后期平均病株率65%、最高100 %，平均病叶率75%、最高100%。江苏沿海局部偏重发生，盐城地区平均病株率为32.3%，东台发生程度重于2015年及常年，平均病株率89.5%，平均病叶率53.5%。湖北轻发生，平均病株率3.4%左右。湖南偏轻发生，重发地块平均病株率39.2%，平均病叶率14.6%。

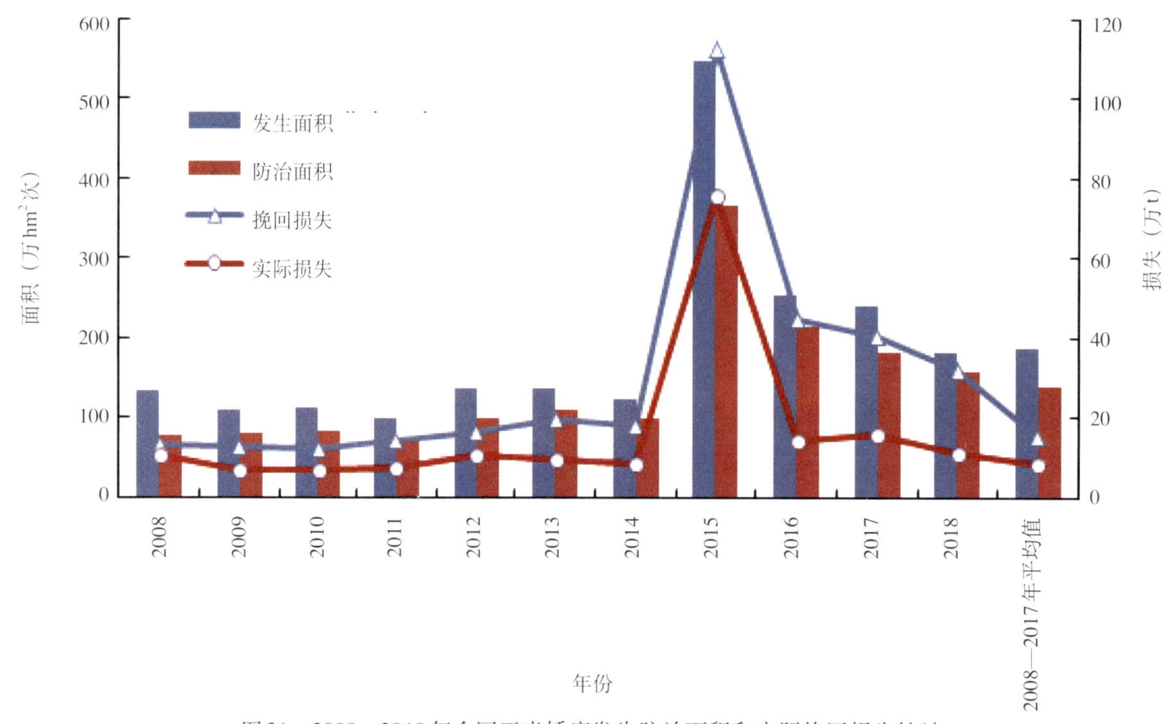

图31 2008—2018年全国玉米锈病发生防治面积和实际挽回损失统计

4 原因分析

4.1 耕作制度与栽培方式变化

近年来，我国玉米机械化收割、秸秆粉碎、旋耕、翻耕的应用面积比例大，田间玉米秸秆储存量极少，破坏了在玉米秸秆中越冬的害虫玉米螟等的栖息场所，大大降低了越冬虫源数量，因此一代玉米螟发生程度呈逐年减轻趋势。同样，黄淮海地区清除麦秸、清理播种行、秸秆细粉碎、机械灭茬等

生态防控措施推广应用面积逐年增大，破坏了二点委夜蛾的适生环境，总体发生程度比2011—2014年重发年份明显减轻。而与之相对，免耕浅耕、大面积连作、农业机械跨区作业等耕作栽培技术，对玉米病虫害发生扩展与远距离传播有利。

种植结构调整密切影响玉米害虫种群结构，如长江中下游和黄河流域棉区棉花种植面积骤减，转*Bt*基因抗虫棉对棉铃虫区域性种群发生的调控能力大为减弱，加上玉米主产区作物种类单一，棉铃虫主要集中在玉米上为害，导致玉米田棉铃虫种群基数不断增加，发生程度也逐年加重。过去黄淮海地区主要是四代棉铃虫为害玉米穗部，而近年调查发现二代和三代棉铃虫开始为害春玉米，尤其是抽雄、吐丝期与棉铃虫产卵高峰期相遇的玉米田发生程度较重。此外，棉铃虫、玉米螟等发生代次多的害虫，呈现多代虫源积累、后代重于前代的趋势，如棉铃虫四代为害重于二代，玉米螟三代重于一代。

4.2 天气条件

天气条件对玉米病虫害发生影响显著，如迁飞性害虫迁飞路径、降落区域与空中气流存在密切关系。除空中气流外，降水、温度、湿度、台风等因素也显著影响玉米病虫害发生程度。如2018年8月西北太平洋和南海上共有8个台风生成，比常年同期（5.7个）偏多2.3个，4个登陆我国，较常年同期（1.8个）偏多2.2个，但是台风登陆点偏北，登陆后北上台风多，较少从我国南方台湾、广东、福建等地登陆，传播的菌源较少，使得南方锈病发病较轻。7月上、中旬，山东平均气温较常年偏高，棉区降水偏少，对棉铃虫繁殖发育较为有利；而高温低湿天气，不利于二点委夜蛾产卵、孵化，田间幼虫量小，为害轻。

4.3 品种抗性

玉米品种抗性对玉米病虫害的发生有重要影响，如山东调查发现鲁单981、鲁单50、农大108、天泰10号、中科4号及登海605、登海4号等登海系列品种对玉米锈病抗性较好，发病程度比郑单958、浚单20、先玉335、鲁单9006、中科11等感病品种明显减轻。陕西田间调查玉米大斑病，商洛、咸阳的正大12、豫玉22、兴玉998等感病品种平均病株率达50%～100%，病叶率30～60%，严重度3级以上；而宜君县推广种植郑单958、榆单9号和陕单609等抗病品种，全县平均病株率8%，病叶率10%，发病程度较轻。

（执笔人：刘杰）

2018年全国棉花主要病虫害发生概况与分析

2018年棉花病虫害总体偏轻发生，全国累计发生面积833.01万hm^2次，累计防治面积969.2万hm^2次，挽回损失和实际损失分别为76.3万t和19.0万t。其中，病害发生面积143.57万hm^2次，防治面积146.76万hm^2次，挽回损失和实际损失分别为12.4万t和5.4万t；虫害发生面积689.44万hm^2次，防治面积822.44万hm^2次，挽回损失和实际损失分别为64.0万t和13.7万t。

1.1 棉花虫害

1.1.1 棉蚜

棉蚜总体中等发生，全国累计发生199.56万hm^2次，防治281.68万hm^2次，挽回损失和实际损失分别为25.7万t和4.8万t，新疆发生程度重于2017年。苗蚜发生81.82万hm^2，各棉区苗蚜多在百株百头以下，但山东潍坊、山西运城盐湖、新疆生产建设兵团农二师29团、新疆玛纳斯平均百株蚜量分别达5 800头、2 200头、6 200头和1 200头，山东潍坊、新疆生产建设兵团农二师29团最高百株蚜量达1万头以上，新疆阿克苏超过2万头；苗期平均卷叶株率多在5%以下，山东潍坊、河北馆陶、新疆哈密达28%～30%，新疆阿克苏为10%。伏蚜发生117.74万hm^2，在新疆和田地区、博尔塔拉蒙古自治州、塔城地区发生程度较重。北疆垦区平均百株三叶蚜量15 200头，最高达45 200头，平均卷叶株率19%；南疆垦区有蚜株率88.4%，平均百株三叶蚜量3 380头。河北总体中等发生，局部偏重发生，其中7月初邢台市威县、南宫市、临西县等主产棉区平均百株三叶蚜量300～400头，南宫市个别地块最高单株蚜量达500头；故城县严重地块平均百株三叶蚜量1 200头，最高单株蚜量430头；霸州市调查虫田率100%，有蚜株率96%，平均百株三叶蚜量868头，最高1 032头。山东东营平均百株三叶蚜量154头，平均卷叶株率8.1%；滨州8月2日平均百株三叶蚜量610头，最高1 730头，平均卷叶株率4.2%，最高11.5%。安徽全省平均百株三叶蚜量为290头，平均有蚜株率为29.5%，宿松县平均百株三叶蚜量为530头，有蚜株率为49.4%。江西平均百株三叶蚜量30～500头，高的900～4 950头，平均卷叶株率1.1%～4.5%。湖北平均百株三叶蚜量27头（武穴）至1 100头（鄂州），新洲区最高达4 290头。

1.1.2 棉铃虫

棉铃虫总体偏轻发生，黄河流域棉区发生程度轻于2017年。全国累计发生面积和防治面积分别为155.31万hm^2次和169.12万hm^2次，挽回损失和实际损失分别为11.3万t和2.3万t。二至五代棉铃虫发生面积比例分别为43.1%、37.4%、18.0%和1.5%。黄河流域、长江流域和新疆部分棉区转*Bt*基因抗虫棉对棉铃虫的控制作用明显，虫量维持在低水平。新疆和田、阿克苏、塔城棉区中等发生，其他棉区发生程度较轻。南疆垦区二代卵、幼虫量较低，一般百株累计卵量在5粒以下，一般百株幼虫量为1.5～3头；三代一般百株幼虫量为0.02～0.3头，新疆生产建设兵团农七师126团百株幼虫量最高为1.1头。河北百株累计卵量，二代一般为200～400粒，故城县为424粒；三代平均为133粒，故城县为670粒；四代一般为80～160粒，馆陶县达893粒。地区间差异较大，大多数地区累计落卵量低于近年。河北幼虫百株虫量，二代一般为1～2头，南大港最高为10头；三代一般为0.5～1.2头，大城县最高为3头；四代一般为0.5～2头，大城县最高为5头，与常年相当。山东二代平均百株累计卵量为373粒，明显低于2017年同期量（605.6粒）和历年平均量（716.4粒），大部分棉田未见幼虫；三代百株累计卵量一般在14～385粒，平均84粒，较2017年同期量（107粒）偏低，低于历年平均量（143粒）；四代平均百株累计卵量为108.3粒，为近10年来的第三高值，略低于2017年（112.5粒）；三、四代幼虫平均百株虫量不足1头。安徽二代平均百株累计卵量低于15粒，无为县、义安区分别为66粒、35.2粒，数量高于其他地区，未见幼虫；三代平均百株累计卵量为72粒，是2017年的2.6倍，无为县、

义安区、和县分别为406粒、409粒、126粒，其他地区低于16粒，幼虫仅见于义安区、和县、太湖县，平均百株幼虫量分别为2.9头、1.4头、1.7头；四代平均百株累计卵量为16.8粒，较2017年增加56%，其中义安区、无为县卵量较高，分别为194.6粒、66粒，其他地区低于10粒，一般百株幼虫量为0.1～0.8头；五代平均百株累计卵量为4.4粒，大部分地区低于10粒，仅望江县、和县查见幼虫，平均百株幼虫量分别为0.7头、2.7头。湖北二代平均百株累计卵量13.4粒，三代平均百株累计卵量71.1粒，钟祥市最高265粒；四代平均百株累计卵量115.6粒，钟祥市最高达339粒；各代平均百株幼虫量远低于1头。湖南二代平均百株累计卵量，安乡县和大通湖区20粒，澧县10粒，汉寿县和南县2粒；三代10～58粒，最高为安乡县；四代平均百株累计卵量，澧县、安乡县、大通湖区、南县在2～37粒；平均百株幼虫量1头以下。江西二代平均百株累计卵量，彭泽县、柴桑区分别为12粒、6.3粒；平均百株幼虫量不足1头，高的2头；三代平均百株累计卵量，彭泽县、瑞昌市、柴桑区分别为6粒、13.3粒和24.1粒，一般百株幼虫量0.1～4头、高的10头，一般蕾铃被害率0.1%～1.1%、高的1.8%～3.3%；四代平均百株累计卵量，彭泽县、瑞昌市、都昌县分别为118粒、34.7粒和10粒，一般百株幼虫量0.2～2头、高的10～12头，一般蕾铃被害率0.2%～3.5%、最高8%；五代平均百株累计卵量，彭泽县、瑞昌市、都昌县分别为84粒、24粒和2粒，一般百株幼虫量0.1～4头、高的8头，一般蕾铃被害率0.5%～3%。

1.1.3 棉叶螨

棉叶螨总体偏轻发生，发生程度轻于2017年。全国发生面积106.94万hm^2次，防治面积136.85万hm^2次，挽回损失和实际损失分别为13万t和3万t。新疆和田发生程度较重，苗期、蕾期和花铃期平均百株螨量分别为1 360头、764头和652头，最高分别为3 280头、2 430头和865头；于田县苗期、蕾期平均百株螨量分别为43头和403头；尉犁县蕾期和花铃期平均百株螨量分别为418头、385头，最高分别为1 960头和1 478头。北疆垦区平均有螨株率8.1%，最高有螨株率17.5%，平均百株螨量107头，最高百株螨量210头；南疆垦区平均有螨株率12.1%，最高有螨株率14%，平均百株螨量196头，最高百株螨量364头。河北馆陶县苗期叶螨一般百株螨量30～110头，最高百株螨量320头；蕾龄叶螨，故城县一般百株三叶螨量15～20头、最高53头，馆陶县百株三叶螨量达300头；花铃期叶螨，馆陶县一般百株三叶螨量300～400头，最高1 000头，阜城县平均有螨株率11.3%、最高21%，平均百株螨量50头、最高120头。山东蕾期发生程度较重，滨州平均百株螨量584头，邹平市最高百株螨量达2 000头。安徽8月中旬花铃期叶螨出现明显的发生高峰，平均百株三叶螨量280头，宿松县最高810头，全省平均有螨株率19.6%。湖北苗期叶螨一般田块百株螨量20～70头，仙桃最高755头；蕾期叶螨，一般田块百株螨量25～1 247头，平均240头，新洲区最高6 000头；花铃期叶螨，一般田块百株螨量67～1 080头，平均521头，新洲区最高5 096头。湖南常德平均百株螨量苗期43头、蕾期74头。江西苗期一般有螨株率1%～8%，一般百株螨量15～130头；蕾期一般有螨株率5%～29%，高的55%，一般百株螨量20～360头，高的400～970头，一般红叶株率1.6%～28%。

1.1.4 棉盲蝽

棉盲蝽总体中等发生，发生程度重于2017年。全国累计发生面积87.62万hm^2次，防治面积96.14万hm^2次，挽回损失和实际损失分别为10万t和1.4万t。新疆阿克苏棉区虫量偏多，二至四代百株虫量为10～15头，库车县、库尔勒市、高昌区等地在3头以下，阿克苏二代棉花嫩头被害率1%、棉蕾被害率1.9%，库车县三代棉蕾被害率1.5%、棉小铃被害率4%。河北总体中等发生，局部偏重发生。二代，故城县一般被害株率5%以下，最高13%；辛集市平均被害株率11%，最高30%，平均百株虫量1.2头；阜城县一般被害株率10%～30%、最高60%，一般百株虫量1～2头、最高3头。三代局部被害率较高，馆陶县新增花叶株率20%～50%，一般百株虫量8～15头、最高22头；阜城县一般被害株率15%～25%、最高60%，一般百株虫量1～3头、最高5头。四、五代混合发生，辛集市一般被害率50%、最高80%，平均百株虫量2头、最高5头；馆陶县一般百株虫量达10～20头，新增花叶株率60%以上，贪青晚熟地块被害株率100%。山东东营二代平均百株虫量为8.5头，最高点块百株虫量15头，三代平均百株虫量15头，四代平均百株虫量15.4头；济宁二代平均被害株率20%～25%，现蕾早的蒜套棉被害株率达28%，三代平均被害株率40%，四代发生严重的地块平均被害株率达70%～80%，最高被害株率达90%～100%，部分杂草较多的棉花间作田块，棉蕾被害率达90%以上。安徽二代平均新被害株率1.5%，一般百株虫量0.1 ～ 1.4头；三代平均百株虫量1.8头，大部分地区低于5头；四代平均百株虫量12.5头，一般1 ～ 31头。湖北棉田百株虫量0.5 ～ 9.2头，嫩头平均被害率7.5%，枣阳市24.6%；三代平均百株虫量5.1头，高的公安县10头，棉蕾平均被害率4.8%，高的枣阳市13.1%；四代平均百株虫量6.2头，枣阳市10.5头，棉蕾平均被害率1.1%，新洲区2.3%。

1.1.5 棉蓟马

棉蓟马总体偏轻发生，新疆和河北发生程度较重。全国累计发生约69.97万hm^2次，防治59.96万hm^2次，挽回损失和实际损失分别为4.6万t和1.4t万。新疆阿克苏棉区中等发生。南疆垦区棉田始见期在4月下旬，较2017年偏早5～7d；北疆垦区始见期为4月底至5月上旬；阿拉尔市平均被害株率为7%，新疆生产建设兵团第三师平均被害株率2.3%，最高11%；北疆垦区田间平均被害株率3%，最高8%，无头棉和多头棉率高于2017年。河北总体中等、局部偏重发生，发生程度与2017年相当，5月下旬开始发生，6月中旬达发生高峰期。故城县5月底一般百株三叶虫量10～30头，最高164头；安新县6月14～18日发生程度较重，百株三叶虫量1 860头。

1.1.6 烟粉虱

烟粉虱总体偏轻发生，发生程度轻于2017年，河北和山东棉区发生程度较重。全国累计发生39.18万hm^2次，防治39.91万hm^2次，挽回损失和实际损失分别为1.8万t和5 137t。新疆吐鲁番发生程度较重，有虫株率100%，严重发生田块棉株煤污率达100%。河北总体中等发生，其中南部偏重发生，发生程度总体轻于2017年。馆陶县棉花现蕾期即见发生，7月下旬虫量迅速上升，达发生盛期，百株三叶成虫量600～1 000头、最高1 500头，中下部叶背卵及若虫较多，个别地块诱发煤污，8月6日花铃期百株三叶成虫量1 000～1 500头、最高达3 000头；辛集市8月7日平均百株三叶虫量135头、最高200头，8月13日平均百株三叶虫量1 200头，最高达2 000头；邢台市8月中旬棉区普查，平均百株虫量500～800头，低于2017年的1 000～20 000头。山东烟粉虱迁入棉田提早，后期虫量上升快、虫量高，至9月中旬达到虫量高峰期，一般单株虫量30～90头，9月下旬虫量开始下降，并持续到9月底或10月初。安徽8月下旬平均百株三叶虫量32头，一般有虫株率14.3%，无明显高峰期。湖北、湖南发生程度较轻。

1.1.7 红铃虫

红铃虫在长江流域棉区偏轻发生，全国累计发生7.74万hm^2次，防治8.29万hm^2次，挽回损失和实际损失分别为2 886t和690t。

1.2 棉花病害

1.2.1 苗期病害

苗期病害中等发生，重于2017年，全国发生面积为42.8万hm^2次，防治面积为50.66万hm^2次，挽回损失和实际损失分别为4.1万t和9 107t。新疆北疆发病程度重于南疆，昌吉回族自治州、塔城地区棉区中等发生。河北局部偏重发生，5月上旬开始发生，5月中旬发生程度加重，发病地块一般病株率2%～6%，南宫市、威县、临西县等平均病株率5.4%，南宫市最高达35%，部分棉田出现死苗现象。山东发生程度重于2017年，聊城地膜棉平均病株率27.6 %，最高超过40%，死苗率1%～3%；夏津一般病田率23%，一般病株率14%，最高36%，高于2017年同期；滨州病田率40%～60%，平均病株率11.2%，平均死苗率1.5%，无棣平均病株率28%，平均死苗率4.5%；济南死苗率6%。湖北平均病田率28.1%，一般病田率20%，平均病株率7.6%，仙桃最高为38%。

1.2.2 黄萎病

黄萎病总体偏轻发生，轻于2017年，发生面积为30.4万hm^2次，防治面积为30.19万hm^2次，挽回损失和实际损失分别为4.1万t和1.7万t。河北7月下旬陆续始见发病，8月中、下旬达发病盛期，一般病株率2%～10%，安新县8月24日病株率最高达41%，高于2017年的37%；故城县调查，黄萎病

偏轻发生，一般发生地块病株率在2%以下，最高5%，轻于2017年。山东7月下旬至8月上旬发病高峰期调查，一般病田率在3%～15%，发病田病株率多在3%以下，发病重的地区病田率可达15%～30%，病株率可达10%～15%。安徽平均病株率1.4%，平均病田率14%，一般病株率2%～4.8%。湖北7月调查平均病田率20.4%，一般病株率0.5%～5.4%，钟祥市部分田块病株率达12.5%。

1.2.3 枯萎病

枯萎病总体偏轻发生，轻于2017年，发生面积为24.99万 hm^2 次，防治面积为28.66万 hm^2 次，挽回损失和实际损失分别为2.1万t和7 292t。由于品种具有较好抗性，各地发病程度较轻。河北阜城县、故城县6月中、下旬发生盛期在播种早、重茬地块调查，发病地块一般病株率1%～3%，最高5%。山东6月底棉花现蕾前后开始进入发病高峰期，发病田一般病株率在3%以下。湖北7月调查，平均病田率13.2%，一般病株率0.5%～4.5%，鄂州最高15.6%。

1.2.4 铃期病害

铃期病害总体中等发生，接近2017年，全国发生面积为34.52万 hm^2 次，防治面积为37.41万 hm^2 次，挽回损失和实际损失分别为2.87万t和2.1万t。黄河流域发生较为普遍，发病盛期在8月中旬至9月中旬。河北区域间差异较大，安新县发病程度较重地块病铃率达15%；南宫市、威县、临西县等主产棉区病株率8%，平均每株烂铃2～3个，阜城县一般百株烂铃在20～40个，最高达60个。山东惠民8月中旬调查，病田率一般80%、最高100%，病铃率一般12%、最高20%，烂铃率一般6%、最高12%；菏泽9月中旬调查，病田率一般65%、最高90%，病铃率一般3.5%、最高20%，烂铃率一般1.5%、最高5%；夏津9月中旬病田率一般为80%，病铃率3.6%、最高8.8%，烂铃率一般2%、最高8.7%。

2 原因分析

2.1 抗病虫棉花品种对棉铃虫和枯萎病具有较好的控制作用

2018年黄河流域和长江流域棉区抗虫棉种植面积比例在90%以上，新疆和甘肃在50%以上。抗虫棉对棉铃虫的控制作用明显，导致出现棉田棉铃虫卵量高、幼虫量不高现象。此外，目前我国棉花已育成抗枯萎病品种，且种植面积不断扩大，各棉区枯萎病危害有所控制，但缺少抗黄萎病品种，黄萎病发生程度加重。

2.2 棉花种植方式有利于多种病虫害发生

黄河流域和长江流域棉区棉花面积的进一步减少，棉田呈插花种植，棉花与其他作物间作和套种的种植方式，有利于棉盲蝽、棉叶螨和烟粉虱等多种害虫在各作物田辗转为害。新疆棉区果棉套种、膜下滴灌等栽培方式多样化，也利于棉铃虫、棉叶螨的发生。另外，各地设施栽培面积逐年扩大，增加了烟粉虱安全越冬场所，且主产棉区设施蔬菜与棉花毗邻，利于烟粉虱就近迁入棉田，导致为害程度重；田埂地头杂草防除不彻底，有利于棉叶螨的发生。新疆长期连作、大面积连片种植，田间病害菌源充足，有利于棉花枯萎病和黄萎病的发生。

2.3 气候条件总体有利于病虫害发生

山东、河北及北疆等地5月至6月上旬持续低温多雨，有利于苗期病害的发生，而不利于苗蚜和棉叶螨的发生。新疆大部分地区6月下旬至7月中旬，间歇性雨水较往年多，温度不稳定，对棉蚜发生有利；7月下旬至8月气温持续偏高、干旱，有利于棉叶螨繁殖扩散为害。山东棉花生长前期降水较多，有利于棉盲蝽的发生；7月中旬至8月中旬，鲁西南大部、鲁中和鲁西北部分地区日最高气温超过35℃的日数在15d以上，气象条件对棉蚜的发生有一定的抑制作用。河北和山东棉花生长后期大部分棉区降水较多，田间湿度偏高，对铃期病害发生有利。

（执笔人：姜玉英）

2018年全国马铃薯主要病虫害发生概况与分析

2018年全国马铃薯主要病虫害发生579.40万hm^2次，比2017年减少2.57%，防治639.90万hm^2次，挽回粮食损失183.90万t[①]，实际损失61.28万t。其中，病害发生373.93万hm^2次，同比减少0.02%，主要发生种类有晚疫病、早疫病、病毒病等；虫害发生205.47万hm^2次，同比减少6.96%，主要发生种类有二十八星瓢虫、蚜虫、地下害虫等（表2）。

表2　2018年马铃薯主要病虫害发生防治面积与实际挽回损失情况

病害	发生面积（万hm^2次）	防治面积（万hm^2次）	挽回损失（万t）	实际损失（万t）	虫害	发生面积（万hm^2次）	防治面积（万hm^2次）	挽回损失（万t）	实际损失（万t）
早疫病	87.89	87.38	20.52	10.00	二十八星瓢虫	34.19	30.15	6.74	2.03
晚疫病	203.04	277.73	103.71	30.45	蚜虫	51.89	53.65	10.02	2.56
环腐病	10.37	7.87	1.90	0.82	豆芫菁	6.79	6.52	1.28	0.22
病毒病	31.44	27.44	5.57	3.61	草地螟	0.14	0.11	0.01	0.00
黑胫病	9.30	7.04	2.09	1.10	双斑萤叶甲	3.81	2.63	0.25	0.12
青枯病	3.63	3.79	1.12	0.42	块茎蛾	2.43	2.24	0.41	0.14
干腐病	0.51	0.15	0.07	0.02	茶黄螨	1.11	2.54	0.36	0.06
疮痂病	7.00	8.43	2.12	0.63	小绿叶蝉	0.61	0.23	0.02	0.02
根结线虫病	0.42	0.46	0.15	0.04	地下害虫	95.10	91.14	19.94	5.69
黑痣病	5.25	4.48	1.18	0.53					
其他病害	15.08	17.17	4.14	1.60	其他虫害	9.41	8.74	2.29	1.22
病害小计	373.93	441.95	142.57	49.23	虫害小计	205.47	197.95	41.32	12.04
病虫害合计	579.40	639.90	183.90	61.28					

1　马铃薯晚疫病

晚疫病总体中等发生，甘肃、湖北、重庆、贵州等地总体偏重发生，其中甘肃南部、湖北西部二高山及高山大发生。全国发生面积203.04万hm^2次，比2017年增加6.59%，比2015—2017年平均值增加10.33%；防治面积277.73万hm^2次，经防治挽回粮食损失103.71万t，造成实际损失30.45万t（图32，表3）。

主要发生特点：一是总体发生程度重于、发生面积多于2015—2017年。晚疫病总体中等发生，但在西北甘肃和西南、中原大部分产区偏重发生，发生程度重于2015—2017年。全国发生面积203.04万hm^2次，同比增加6.59%，比2015—2017年平均值增加10.33%。二是北方产区发生期大部分偏早，病情重于近年。西北、东北、华北产区田间中心病株始见期一般较2017年偏早3～30d。山西产区平均病株

①马铃薯的挽回损失和实际损失，按照5：1比例折算成粮食来计算。5份马铃薯折算成1份粮食。

率为36.5%，忻州最高达100%。甘肃7月10日调查，陇南、天水低海拔川坝区早播田和山区病害已大面积流行，部分感病品种病情严重，出现全田枯死现象。陕西平均病株率为17.13%，高于2017年的15.84%及近5年的平均值14.34%；个别县区发病程度仍然较重，镇巴、略阳、宁强、镇坪、石泉、靖边、定边等县病株率分别达30%～46%。三是西南及中原大部分产区维持偏重发生程度。西南及中原山区常年多雨多雾，适合晚疫病发生流行，2018年晚疫病在西南和中原大部分产区仍维持偏重发生程度。湖北西部二高山和高山产区病株率在11.3%～72%，平均45.5%；湘西张家界病株率为24%～52.5%；贵州平均病株率为36%，最高达100%；四川攀西地区平均病株率为15.2%，重于2017年。

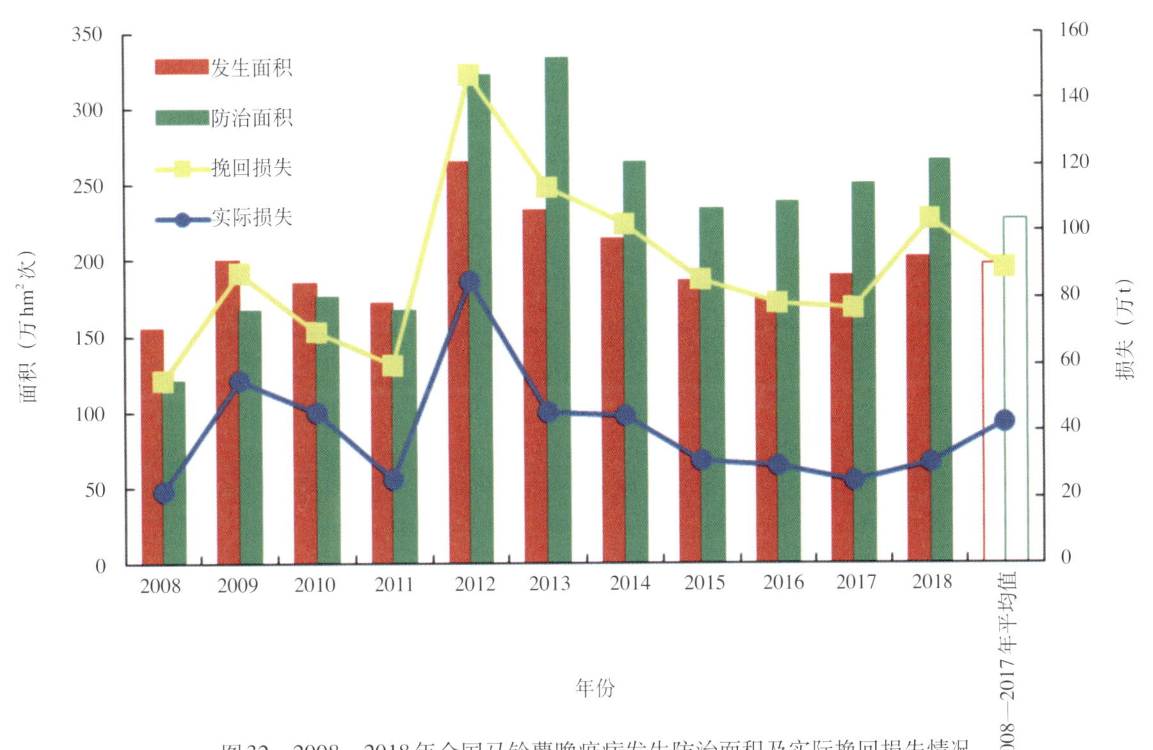

图32　2008—2018年全国马铃薯晚疫病发生防治面积及实际挽回损失情况

表3　2018年全国主要产区马铃薯晚疫病发生情况

单位：万hm²次

省份	发生程度	发生面积	防治面积	始见期及同比早晚	病情（平均病株率）	主要发生区域
吉林	2	0.43	0.59	7月上旬，偏早	4.25%，最高9%	长春、松原、辽源
黑龙江	3	3.94	12.56	偏晚	近年最轻	齐齐哈尔、绥化、黑河、佳木斯
宁夏	3	11.28	5.69	6月30日，泾源，早3d	重于近年	固原
陕西	2	12.04	9.78	晚1～15d	17.13%，高于2017年及近5年	榆林、延安、汉中、商洛、安康
甘肃	4	42.75	64.84	早7～30d	重于2017年和常年	定西、天水、平凉、陇南、临夏
河北	3	7.18	13.04	7月10日，围场，早7d		张家口、承德
山西	3（4）	7.71	5.77	6月10日，平城，早6d	36.5%，最高100%（忻州）	北部
内蒙古	2	5.07	31.37		1%～2%	呼和浩特、乌兰察布、锡林郭勒

（续）

省份	发生程度	发生面积	防治面积	始见期及同比早晚	病情（平均病株率）	主要发生区域
湖北	4	16.82	22.14		鄂东、江汉：0.1%～9.8%（4.0%） 鄂西：低山5.8%～32%（23.5%），二高山和高山11.3%～72%（45.5%）	鄂东、鄂西、江汉平原
湖南	3（4）	3.21	2.32		张家界24%～52.5%，常德3.1%	张家界、怀化、常德
重庆	4（5）	15.66	15.94	4月10日，晚15d	轻于2017年	渝东北、渝南
四川	3（4）	15.13	19.05	盆地：3月27日至4月10日，晚3～15d；攀西：5月19日，凉山，早8d	盆地：4.36%，轻于2017年 攀西：15.2%，重于2017年	凉山、盆周地区
贵州	4	26.05	23.51		36%，最高100%	全省
云南	3	22.65	26.82		接近2017年	昭通、曲靖、丽江、昆明

2 马铃薯早疫病

早疫病在西北、华北产区总体中等发生，中原产区偏轻或轻发生。全国发生面积87.89万hm^2次，较2017年略增，防治面积87.38万hm^2次。内蒙古一般病株率为5%～30%，贵州西部、北部等地一般病株率为18%，宁夏泾源一般病株率为39.5%，发生程度略轻于2017年。河北康保、山西忻州、宁夏原州及贵州等地重发田块病株率达90%以上。宁夏原州系统观测田6月18日始见，6月30日病株率、病叶率、病情指数分别为15%、0.47%、0.1，7月10日分别达到100%、8.83%、1.41；泾源6月20日始见，7月11日平均病田率、病株率分别为18%、6.4%，7月19日分别为62%、39.5%。

3 马铃薯病毒病

病毒病总体轻发生，轻于2017年及近年。发生面积31.44万hm^2次，同比减少24.78%，防治面积27.44万hm^2次。由于各地通过集成推广种植脱毒薯，减少超代脱毒薯种植，应用健身栽培、传毒昆虫如蚜虫绿色防控等技术，大部分地区病害发生程度趋轻，但局部地区病株率相对较高。山西阳高中等发生，平均病株率为27%，最高为52%。内蒙古一般病株率为10%～30%，贵州一般病株率为15%，高的达70%以上。

4 二十八星瓢虫

二十八星瓢虫总体轻发生，轻于2017年及常年，其中山西中等发生。全国发生面积34.19万hm^2次，同比减少12.38%，防治面积30.15万hm^2次。山西发生面积4.98万hm^2次，较2017年减少0.95万hm^2次，越冬代成虫始见期早，全省马铃薯田普遍发生，虫口密度高于常年，离石5月20日始见成虫，较常年提前10d左右，6月下旬至7月上旬进入为害高峰期；吕梁6月中、下旬平均百株有虫200头左右，最高273头，是近年之最。一代幼虫6月20日始见，7月中、下旬进入为害盛期，一般百株有幼虫1 000～1 400头，最高2 155头；一代成虫7月20日始见，8月10日调查未防田块，一般百株有成虫400头，最高700多头，远高于近年。

5 地下害虫

地下害虫总体中等发生，全国发生面积95.10万hm^2次，同比减少7.63%，防治面积91.14万hm^2次。由于部分产区马铃薯种植面积大、重茬种植、施用未腐熟有机肥等，金针虫、蛴螬、地老虎等地下害虫发生程度较重，马铃薯严重减产，商品薯率降低。山西忻州平均每平方米有虫（以蛴螬为主）0.2～0.35头，被害株率低于2%；大同蛴螬平均每百株6头、最高12头，金针虫平均每百株3头、最高8头。

6 其他病虫害

环腐病、黑胫病、疮痂病、炭疽病、蚜虫、豆芫菁等病虫害总体偏轻发生，全国发生面积127.74万hm^2次，同比减少8.49%，防治面积126.06万hm^2次。豆芫菁在山西偏轻发生，朔州中等发生，一般百株有虫100～200头，个别严重地块1 000余头。疮痂病在内蒙古一般病株率10%～30%；黑痣病一般病株率10%～30%，高的80%；黑胫病一般病株率1%～5%，青枯病、环腐病等零星发生。蚜虫在贵州西部等地一般百株蚜量380头，高的7 000头以上。

（执笔人：黄冲）

2018年全国黏虫发生概况与分析

1 发生概况

2018年为黏虫在2012年重发以来发生面积相对较小的一年。2018年我国黏虫发生面积334.3万hm^2（图33），按代次计算，一代发生面积28.2万hm^2，二代发生面积189.6万hm^2，三代发生面积115.8万hm^2，其他代次发生面积0.7万hm^2。一代黏虫主要发生在长江中下游、江淮、黄淮和西南地区的12个省份，主要为害小麦；二代黏虫主要在黄淮、华北、东北、西北、西南地区的19个省份发生，三代黏虫主要发生在黄淮、华北、东北地区的16个省份，二、三代黏虫主要为害玉米、小麦、水稻和谷子；其他代次黏虫发生在南方一些省份，主要为害水稻（图34）。2018年黏虫在玉米、小麦、水稻及其他粮食作物上发生面积比例分别为77.9%、12.9%、5.2%、4.0%。其中，玉米上发生面积260.4万hm^2，防治面积254.1万hm^2，挽回损失65.3万t，实际损失19.7万t，比2017年分别减少16.7%、14.8%、34.3%和34.5%，但比2016年分别增加8.9%、4.2%、54.3%、103.3%，为害程度明显重于2016年。

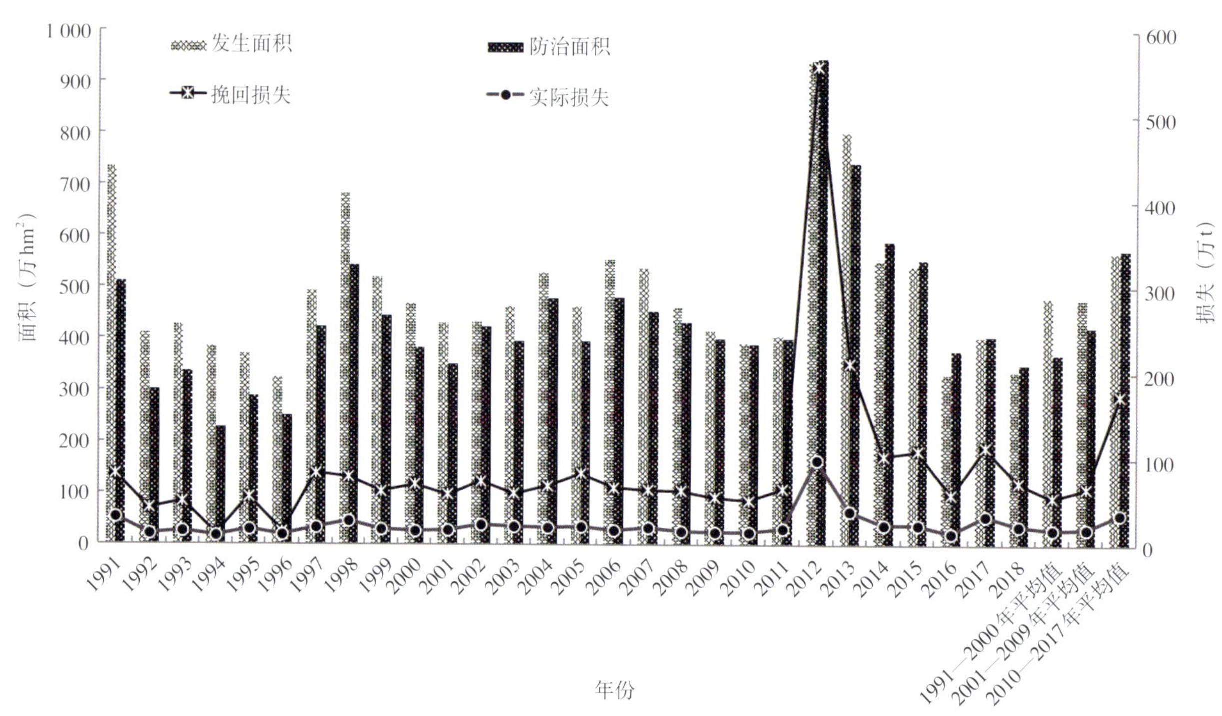

图33 1991—2018年全国黏虫发生防治面积和实际挽回损失统计

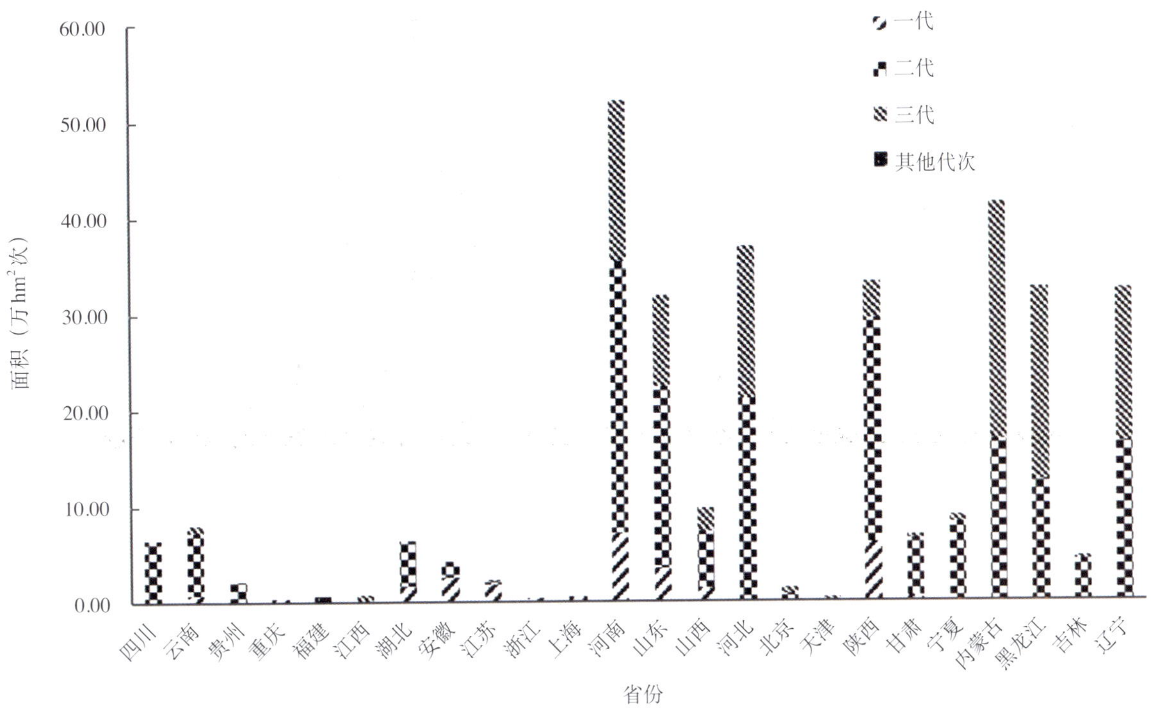

图34　2018年全国不同省份各代次黏虫发生面积

2　二代黏虫

2.1　一代成虫发生特点

黑光灯监测表明，2018年黏虫一代成虫见虫期比常年偏早，迁入量比常年偏高。河北一代成虫于5月底至6月初开始迁入，并陆续进入始盛期，始盛期比常年提前2～3d，6月上旬达迁入高峰期，蛾峰日普遍出现在6月5～8日；河北大部分地区一代累计诱蛾量均高于近年，仅低于2013年，监测点累计诱蛾量一般为500～1 000头，有10个县超过1 000头，沧县、深泽县、正定县、永年区分别达1 929头、1 910头、1 880头、1 738头。山西一代成虫除芮城县外，其他站点于6月3日前后进入诱蛾高峰期，比常年提前8d，5月10日至6月10日全省各黏虫监测点总诱蛾量1 821头，低于大发生2013年的4 127头，接近2014年的1 663头，高于2015—2017年的平均值。5月15日至6月12日，安徽怀远、凤台、阜南、萧县、埇桥、蒙城、谯城、濉溪等地单灯累计诱蛾量为401～3 650头，大部分地区是2017年同期累计诱蛾量的2～3倍，蛾峰日出现在5月27日至6月4日，峰期较常年提早3～4d，蛾峰日蛾量一般为59～309头，谯城最高为846头。

全国多数监测点高空测报灯诱蛾量也呈现突增早、峰次多及诱蛾量高的特点。山东长岛5月17日首见突增日，比常年早10d左右，5月22日、5月29日、6月8日、6月10日、6月14日共出现5次蛾峰；山东莱州6月3日、6月7日、6月11日、6月13日共出现4次蛾峰；河北滦县分别于5月16日、6月9日、6月11日、6月16日出现蛾峰；吉林长岭于5月17日和6月5日出现2次蛾峰(图35)。山东长岛、河北滦县、山东莱州、辽宁彰武5～6月累计诱蛾量分别为6 440头、1 898头、1 726头、1 604头。

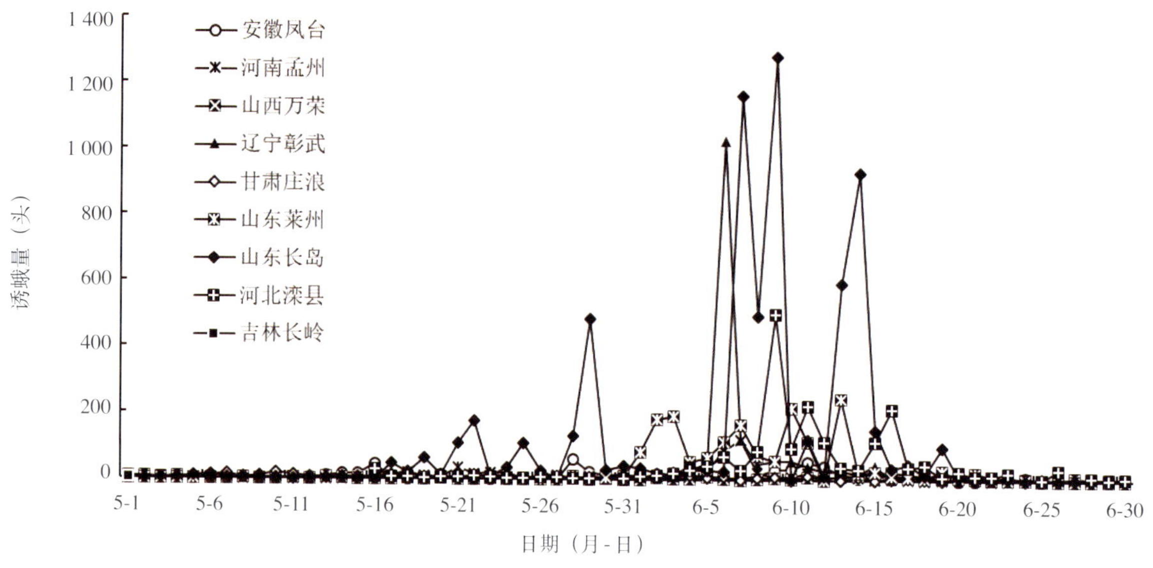

图35 2018年5～6月代表性监测点高空测报灯诱蛾情况

2.2 二代幼虫发生特点

2018年二代黏虫全国发生面积183.5万hm²，比2017年减少20.1%。全国总体中等发生，内蒙古、辽宁、山西、陕西、宁夏、四川部分地区出现高密度田块。内蒙古通辽、赤峰、兴安盟等局部地区达偏重发生，6月8～10日通辽市科尔沁区麦田虫口密度平均20头/m²；科尔沁左翼后旗、开鲁县、科尔沁左翼中旗麦田虫口密度平均小于10头/m²，最高33头/m²，库伦旗玉米田最高百株虫量达1 500头。辽宁发生面积大，范围广，高密度田块多，特别是草荒重、出苗晚、三类苗、河滩地的玉米田块，二代黏虫密度较大。沈阳、鞍山、铁岭、阜新、葫芦岛、朝阳等地均出现较高密度田块，重发地块百株虫量200～300头，海城市部分田块最高密度达到8 000～10 000头/百株。陕西部分田块为害程度较重，宝鸡部分县市玉米被害株率27%～68.3%，百株虫量8～17.7头，严重田块被害株率80%～100%，百株虫量60头以上。山西玉米田一般百株有虫3～8头，定襄县中等以上程度发生面积2 200hm²，一般玉米田被害率为37%，平均百株虫量38头，最高1 300头。宁夏玉米田二代黏虫发生程度较重的平罗县、同心县、盐池县平均百株虫量分别为25头、20头、30头。四川总体为害轻，攀西、川西北等黏虫常发区调查，汉源县玉米田防治前二代黏虫平均百株虫量高达120头，最高百株虫量450头。

3 三代黏虫

3.1 二代成虫发生特点

2018年7月开始，各地监测到黏虫二代成虫，延续一代成虫见蛾早、蛾峰多的特点。黑龙江7月5日始见成虫，早于常年5d，并于7月16～19日、22～24日、27～29日，分别出现3个诱蛾高峰，成虫蛾峰数较往年偏多，持续时间较长。吉林长岭、辽宁彰武、河北滦县累计诱蛾量和峰值显著高于2016年和2017年同期（表4）。河北滦县高空测报灯全代累计诱蛾4 813头，是2017年的4.22倍。北京延庆高空测报灯全代累计诱蛾570头，7月17日和21日各出现一个明显的迁入峰，数量分别为57头和246头，迁入蛾量明显高于2017年同期。黑光灯监测表明，华北北部和东北地区诱蛾量较高。河北7月上旬陆续始见二代成虫，多数地区7月10～15日蛾量开始增多，7月14～18日达蛾量高峰,部分地区7月26～29日又出现一次高峰，全省二代单灯平均诱蛾量为100～180头，部分县（市、区）达到400～500头，永年区最高为500头。黑龙江各地诱蛾量明显高于2017年，尤其是东部富锦市等甚至高

于2012年和2013年。

表4 2016—2018年黏虫二代成虫高空测报灯诱蛾情况

监测点	2016年			2017年			2018年		
	峰日（月-日）	峰日蛾量（头）	7月累计蛾量（头）	峰日（月-日）	峰日蛾量（头）	7月累计蛾量（头）	峰日/（月-日）	峰日蛾量（头）	7月累计蛾量（头）
黑龙江双城	7-14	2	4	7-20	169	659	7-23	52	168
吉林长岭	7-21	15	26	7-19	101	400	7-18	2 600	5 342
辽宁彰武	7-11	5	35	7-9	40	249	7-10	68	444
河北滦县	7-30	13	139	7-24	161	615	7-18	805	4 529
陕西兴平	—	—	—	7-20	142	1 007	7-26	17	82
山东莱州	7-4	101	369	7-21	91	674	7-13	8	52
山东长岛	7-9	5	101	7-18	100	757	7-11	72	185
山西万荣	7-20	39	311	7-15	38	381	7-16	26	272
河南孟州	7-11	126	409	7-11	11	35	—	—	—

3.2 三代幼虫发生特点

三代黏虫在华北、东北、黄淮、西北地区发生，发生面积113.1万hm^2，总体中等发生，黑龙江、辽宁、内蒙古、河北、天津、陕西、山东和宁夏的部分县（市、区）杂草多的玉米和谷子田虫量高、为害重。华北地区三代黏虫，天津中等发生，部分区域出现高密度点片，重发区域主要集中在津南区、西青区、静海区、滨海新区、宝坻区，重发区一般密度200～300头/百株，高密度地块500～1 000头/百株，最高密度达到2 000头/百株；河北中等发生，廊坊、沧州交界区域偏重发生，重发面积760 hm^2，其中，大城县平均密度200头/百株，最高2 000头/百株；山东滕州出现高密度为害地块，重发面积13.3hm^2，为害严重地块平均单株虫量达10～15头，最高单株虫量达30头。东北地区，黑龙江中南部的大部分市县和农垦管理局均发生三代黏虫，有17个县（市、区）出现高密度为害，如五常市、肇东市、尚志市、呼兰区等，重发地块平均单株玉米有虫10头以上，最高有虫150多头，杂草上平均虫量238头/m^2，最高840头/m^2；水稻平均每穴3～5头，最高57头，个别地块出现了迁移现象。7月30日至8月8日内蒙古赤峰各地田间调查，三代黏虫谷子田平均虫口密度16～30头/m^2，玉米田20～40头/百株，重发地块200～300头/百株；7月30日至8月2日，通辽玉米田幼虫50～100头/百株，最高500头（开鲁县），谷田幼虫10～20头/m^2，最高100头/m^2（科尔沁左翼中旗），玉米田杂草平均虫量20头/m^2；7月28～31日，兴安盟玉米田平均虫口密度10～20头/百株，最高密度科尔沁右翼前旗玉米田1 500～2 000头/百株。辽宁总体中等发生，辽西北朝阳、阜新等地点片偏重发生，阜新蒙古族自治县谷子田达到30～50头/m^2，喀喇沁左翼蒙古族自治县、建平县玉米田重发地块百株虫量达到100～200头。西北地区，陕西三代黏虫轻发生，但仍有个别田块发生程度较重，榆阳区重发地区谷子田平均虫口密度27头/m^2，最高虫口密度单株15头；宁夏三代黏虫主要为害水稻，平罗县平均虫量75头/m^2，最高达到300头/m^2。

三代黏虫幼虫在东北、华北和黄淮等地虫龄不整齐、为害时期延长。黑龙江不同县（市、区）、同一县（市、区）不同乡镇和地块间虫龄差异明显，如南部五常市、肇东市、呼兰区等8月中旬调查，发生早的地块三代幼虫开始大量化蛹，但田间仍有四至六龄幼虫在严重为害。河北7月底开始出现三代幼虫为害，8月中旬进入为害盛期，比常年偏晚7d左右。山东滕州三代幼虫自8月上旬发生后，为害期持续到9月中旬。

4 原因分析

4.1 关键时期天气条件的影响

2018年夏季（6～8月），华北西部、西北东部和东北北部等地降水偏多20%～100%，总体气象条件有利于黏虫的发生，此地区适宜的温度和较多的降水有利于二代成虫交配产卵和三代幼虫生长发育。同时，2018年8月8～17日，10d内西北太平洋和南海上连续有7个台风生成，3个登陆我国，台风深入内陆北上，且登陆后生命期长，带来大量降水，三代黏虫重发区域如黑龙江西南部、辽宁西部、内蒙古东北部、河北中部、天津南部与7月下旬降水分布区吻合度高。而部分地区高温干旱天气条件则不利于黏虫产卵、卵孵化及存活，如北京5月31日至6月5日出现大范围高温热浪天气，个别观测站日最高气温突破6月上旬历史同期最高值，阶段性高温、少雨不利于黏虫发生，后期田间高龄幼虫较少。山西6月中旬长时间高温干旱致使黏虫卵孵化率和幼虫成活率极低，造成二代黏虫发生程度较轻。安徽7～8月出现40多天的高温晴热天气，也不利于三代黏虫发生为害。

部分地区黏虫成虫迁飞期间气流影响黏虫的发生。如辽宁7月降水少，风场相对稳定，虫源迁出困难，导致本地虫源基数偏高。同样，分析7月吉林风场，利于黏虫由南往北迁，导致吉林二代成虫迁出至黑龙江，与吉林虫源高但三代总体为害不重的实际情况吻合。黑龙江在二代成虫羽化盛期，即7月中、下旬以降雨天气为主，频繁的低压冷涡天气系统不利于成虫起飞迁出，致使二代成虫大部分滞留本地，加上吉林等地迁入的虫源，较高的虫源量和适宜的气候导致三代黏虫严重发生。山东7～8月直接影响的台风较多，但台风对利于黏虫南迁的高空气流和风向有一定的抑制作用，导致三代黏虫总体轻发生。

4.2 田间生态和防控措施的影响

田间生态环境是影响黏虫重发的主要原因之一，田间系统监测显示，黏虫重发田块主要表现为管理粗放、杂草多、玉米长势弱。如辽宁2018年玉米播期不整齐，三类苗、弃管田、草荒地较多，利于黏虫为害。黑龙江受严重春旱影响，玉米田普遍草荒较重，一般草荒玉米田禾本科杂草500～600株/m^2，且中南部县（市、区）玉米田三类苗较普遍，加上后期田间湿度大，温度适宜，有利于成虫产卵和幼虫为害。防控措施不当或不及时也是影响黏虫发生为害的主要原因。如黑龙江6月中、下旬发生的二代幼虫共涉及46个县（市、区）、4个农垦管理局，全省发生面积14.5万hm^2，比2017年高62.8%。大部分地区未达到防治指标，未进行有效防治，田间残虫量较高，导致三代黏虫偏重发生。局部地区由于高杆施药机械缺乏，无人机保有量不足，个别地区等待机器施药，而出现防控不及时的情况，造成田间虫源累积。

（执笔人：刘杰）

2018年全国草地螟发生概况与分析

草地螟(*Loxostege sticticalis* L.)是我国北方农牧业生产上一种重要迁飞性害虫，具有多食性、间歇性暴发等特点。1996年进入第3个发生周期，其中，2008年草地螟一代成虫、二代幼虫在我国北方地区发生为害严重，随后2010—2017年草地螟一直处于总体轻发生状态，进入第3个暴发周期后的间歇期。2018年，草地螟越冬代成虫、一代幼虫、一代成虫相继在东北中部的内蒙古东北部、吉林西部、黑龙江西南部等三省（自治区）交界区域出现高密度种群，也涉及华北、西北等地区的其他省（自治区、直辖市），是自2010年以来种群数量最高、发生程度最重、发生面积最大的一年。

1 发生概况

2018年全国草地螟成虫共发生107.48万hm^2，其中越冬代成虫103.1万hm^2，一代成虫4.2万hm^2，二代成虫0.18万hm^2；幼虫共发生44.35万hm^2，其中一代幼虫44.2万hm^2，二代幼虫0.15万hm^2。越冬代成虫发生范围涉及东北、华北、西北9个省（自治区）24个市（盟、地区、州）73个县（市、旗、区），一代幼虫发生区域涉及6个省（自治区）17个市（盟、地区、州）44个县（市、旗、区），以内蒙古的发生分布最广。一代成虫发生区域涉及东北、华北、西北8个省（自治区）18个市（盟、地区、州）41个县（市、旗、区），二代幼虫仅在内蒙古、吉林、陕西、宁夏、新疆5个省（自治区）7个市（盟、地区、州）8个县（市、旗、区）零星发生。二代成虫仅在内蒙古、吉林、陕西、宁夏、新疆5个省（自治区）6个市（盟、地区、州）8个县（市、旗、区）发生。各地未见三代幼虫发生和为害。草地螟各世代和各虫态发生分布情况见表5。

表5　2018年草地螟各代次成虫、幼虫发生分布

省（自治区）	越冬代成虫		一代幼虫		一代成虫		二代幼虫		二代成虫	
	市（盟、地区、州）	县（市、旗、区）	市（盟、地区、州）	县（市、旗、区）	市（盟、地区、州）	县（市、旗、区）	市（盟、地区、州）	县（市、旗、区）	市（盟、地区、州）	县（市、旗、区）
山西	1	2	0	0	1	2	0	0	0	0
河北	1	3	0	0	1	3	0	0	0	0
陕西	2	3	2	3	2	3	2	2	2	2
宁夏	1	2	1	2	1	2	2	2	2	2
新疆	2	2	1	2	1	1	1	1	1	1
内蒙古	9	33	8	26	8	25	1	1	1	1
黑龙江	4	22	2	6	2	2	0	0	0	0
吉林	2	4	3	5	2	3	1	2	1	2
辽宁	2	2	0	0	0	0	0	0	0	0
合计	24	73	17	44	18	41	7	8	7	8

2 发生特点

2.1 越冬代成虫发生面积大，内蒙古、黑龙江蛾量高

2018年越冬代成虫发生面积达103.1万hm^2，其中农田发生面积14.12万hm^2，草场发生面积68.41万hm^2，林地发生面积26.82万hm^2，是2010年以来发生面积最大的一年。主要发生在内蒙古、黑龙江、吉林三省（自治区）交界处，三省（自治区）越冬代成虫发生总面积分别为85.78万hm^2、17.33万hm^2、2.43万hm^2，占总发生面积的96.52%。从5月底开始出现大量迁入，灯下蛾量突增，田间蛾量大。

2.1.1 灯下蛾量高

内蒙古5月下旬越冬代成虫数量开始上升，5月底至6月初，内蒙古东部地区多个监测点出现诱蛾高峰。其中，兴安盟科尔沁右翼前旗5月30日至6月1日三个监测点虫情测报灯平均单灯累计诱蛾17 600头；乌兰浩特市6月2日高空测报灯诱蛾19 600头，6月3日虫情测报灯诱蛾16 500头（图36）；赤峰市巴林右旗6月3日虫情测报灯诱蛾1 809头；通辽市开鲁县6月5～6日虫情测报灯诱蛾740头。黑龙江西部地区6月上旬出现诱蛾高峰，其中6月2日肇州县、林甸县虫情测报灯诱蛾量突增，分别为46头和274头；6月3日富裕县、林甸县诱蛾量分别为350头、168头；6月7日肇州县、肇东市、安达市诱蛾量分别为4 208头、310头、82头；6月10日各地诱蛾量均在100头以下，共有22个县份田间见蛾。吉林主要发生在白城、松原地区部分县市，三个监测点6月1～7日诱蛾量累计达3 877头，其中长岭县累计诱蛾量最高，达1 119头。河北越冬代成虫主要发生在草场和林地，康保县诱蛾量较高，越冬代成虫黑光灯、虫情测报灯、高空测报灯累计诱蛾量分别为387头、463头、2 094头，其中6月23日蛾峰日单灯诱蛾量分别为78头、82头、1 024头。

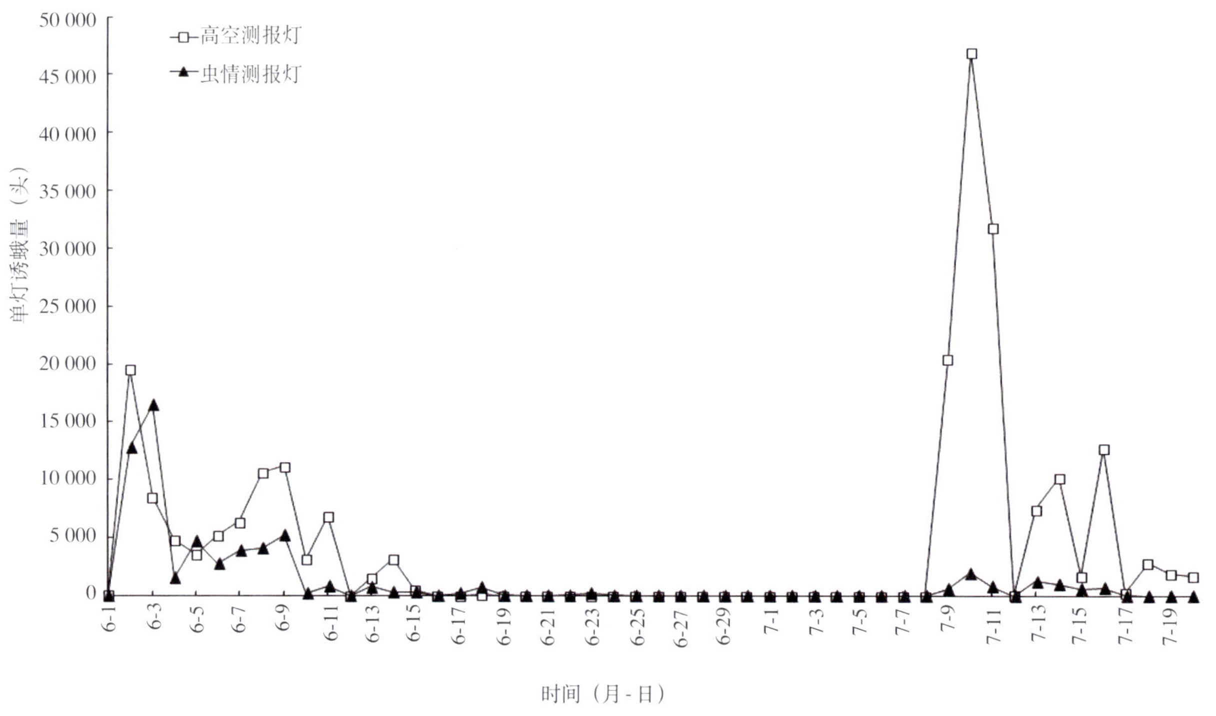

图36 2018年6～7月内蒙古乌兰浩特草地螟单灯诱蛾量

2.1.2 田间蛾量大

6月初，内蒙古、黑龙江等地草地螟田间蛾量与灯下蛾量出现同期突增。其中，6月2～3日内蒙古兴安盟科尔沁右翼前旗、乌兰浩特市、阿尔山市田间百步惊蛾量1 000～4 000头，呼伦贝尔市牙克石市、额尔古纳市田间百步惊蛾量1 500～2 300头，扎兰屯市和阿荣旗田间百步惊蛾量30～600头；

6月4日赤峰市阿鲁科尔沁旗玉米田周边草丛百步惊蛾量800 ～ 1 000头。6月3日黑龙江泰来、龙江、克山、昂昂溪百步惊蛾量1 000 ～ 2 000头，其中泰来农科所荒地最高达5 000头，大豆等草地螟喜食作物田间蛾量一般为20 ～ 30头；其他大部分地区田边草荒地百步惊蛾量在100头以下。山西越冬代成虫零星发生，田间平均百步惊蛾量0.8头，最高3头。

2.2 一代幼虫在内蒙古中部和东部重发生

一代幼虫共发生44.2万hm^2，其中，农田发生34.2万hm^2，草场发生9.5hm^2，林地发生0.6 hm^2，发生面积、发生程度是2010年以来最大、最重。内蒙古一代幼虫6月中旬开始为害，农田发生面积大、密度高，主要发生在兴安盟、呼伦贝尔市、通辽市、锡林郭勒盟、呼和浩特市。其中，兴安盟玉米、高粱地平均虫口密度20头/m^2、严重地块200 ～ 300头/m^2，玉米田杂草上平均35头/m^2、最高150头/m^2；呼伦贝尔市灰菜地平均虫口密度25头/m^2、最高150头/m^2；通辽市玉米田虫株率80%～ 90%，虫口密度20 ～ 50头/株、最高150头/株。黑龙江6月中、下旬一代幼虫虫口密度一般在30头/m^2以下，未达到防治指标，主要在大豆、玉米及其周边荒地的灰菜上为害。吉林一代幼虫中等发生，农田幼虫平均密度为18头/m^2，主要发生在洮南市、洮北区、镇赉县。河北田间系统监测和大面积普查均未查到越冬代成虫产卵，也未见一代幼虫发生。

2.3 一代成虫在内蒙古东北部和河北局部种群数量高

一代成虫发生面积4.2万hm^2，其中农田0.14万hm^2，草场2.7万hm^2，林地1.14万hm^2，主要集中在内蒙古东北部。7月上旬内蒙古呼伦贝尔市和兴安盟局部地区出现蛾峰，其中乌兰浩特市诱蛾量最高，7月9～11日高空测报灯累计诱蛾量9.9万头，虫情测报灯诱蛾量3 424头；7月11日，突泉县高空测报灯诱蛾量1万头以上，田间百步惊蛾量1 500 ～ 2 000头，阿荣旗高空测报灯诱蛾量1.2万头，田间百步惊蛾量平均25头、最高2 000头。7月中、下旬黑龙江嫩江九三管理局虫情测报灯累计诱蛾量236头，个别草荒地块田间百步惊蛾量100 ～ 300头。河北康保县高空测报灯监测，异地迁入的一代成虫始见于7月31日，较历年晚15d，较2018年晚21d；共有6次过境蛾峰，8月上、中旬两次持续时间长、蛾量高，其中8月8日诱蛾量28 706头，是自2014年安装高空测报灯以来一代成虫日诱蛾量之最高值；但该地地面黑光灯、虫情测报灯均未监测到蛾峰，田间调查也仅零星见虫。山西一代成虫田间平均百步惊蛾量1头、最高3头。

2.4 二代幼虫仅零星见虫

二代幼虫发生面积0.15万hm^2，仅在局部地区零星见虫。其中，内蒙古发生面积120hm^2，主要发生在呼伦贝尔市扎兰屯市。山西除大同部分草地有零星发生外，其余地方均未发生。河北未见一代成虫产卵和二代幼虫。

3 东北局部重发原因分析

3.1 越冬代成虫自兴安盟相邻的蒙古边境大量迁入

2018年草地螟一代幼虫在内蒙古东部、黑龙江西南部、吉林西部等地严重发生，是5月底至6月上旬出现大量越冬代成虫并滞留当地繁殖而导致的。但是，这些出现2010年以来诱蛾量极值的地区(如内蒙古兴安盟乌兰浩特市、科尔沁右翼前旗，赤峰市巴林左旗，黑龙江龙江县、泰来县、肇州县等地)，2017年二代幼虫发生程度轻，且2017年秋季越冬虫源调查都未见越冬虫茧。因此，初步推测2018年5月底至6月上旬出现在我国黑龙江、吉林、内蒙古三省（自治区）交界处的草地螟越冬代成虫蛾峰并非当地越冬虫源。

此外，5月底至6月初内蒙古兴安盟乌兰浩特市等多地高空测报灯或黑光灯诱虫量同期突增，符合异地虫源迁入的特点。按该峰期越冬代成虫发生地和发生时间推测虫源地，可能为相邻国蒙古。据兴安盟植保人员了解，蒙古国临近我国兴安盟的地区2018年5月底、6月初进行烧荒，会促使当地草地螟越冬代成虫随气流大量迁飞至我国兴安盟及其周边地区，且兴安盟地区最早出现灯下蛾峰的阿尔山市临近蒙古国，随后逐步迁飞至东北其他地区，与空中风场综合分析，进一步证明越冬代成虫虫源来自邻国蒙古，而不是当地虫源或者来自邻国俄罗斯。

3.2 空中风场利于蒙古虫源迁入并向东北方向扩散

分析2018年5月31日至6月5日东北地区空中风场，内蒙古兴安盟、吉林白城等地受东北冷涡控制，冷涡西南部有偏西北方向的低空急流，冷涡东北部有对流降水，草地螟可从蒙古国南部迁入我国，受急流和降水阻挡，降落于兴安盟及白城附近的概率很高。而此区域的草地螟再次起飞，受冷涡向东北方缓慢移动的影响，草地螟会向黑龙江南部、内蒙古东部迁移，不会向南进入辽宁南部、北京、河北等地。因此，上述黑龙江南部、内蒙古东部地区诱虫量高，而北京、河北北部等地蛾量非常少。北京市植保站设在延庆区的雷达监测点6月1～14日累计诱蛾80头，而6月1～5日未监测到草地螟从北向南迁飞回波，验证上述分析结果。而东北发生区域灯下和田间蛾量突增峰出现的早晚，也间接证明了草地螟的迁飞路径：最早出现突增峰的是紧邻蒙古国的兴安盟阿尔山市，兴安盟各监测点蛾峰出现在6月1～3日，此后逐步向周边区域迁飞扩散，赤峰市各监测点蛾峰则出现在6月3～4日，即与空中风场分析的草地螟越冬代成虫迁飞路径结果一致。

3.3 内蒙古中东部天气条件利于种群发育

草地螟属于迁飞性昆虫，其迁飞行为的发生既与蛾龄、卵巢发育或生殖状态有关，也与温度、湿度、气流、降水等气候因子密切相关，成虫发生关键期的温度、湿度等条件是影响草地螟种群数量和田间发生为害程度的重要因素。2018年5月中旬开始内蒙古中东部地区气温回升，降水量比前期增多，且多于历年同期，植被长势较好，为越冬代成虫大量迁入提供了适宜的气候和寄主营养条件。

4 讨论

2018年草地螟在我国东北局部重发生，推测蒙古国种群数量已出现明显恢复，这预示着草地螟新的发生周期可能到来。由于监测及时，2018年草地螟重发区越冬代成虫和一代幼虫得到有效控制，致使二代幼虫发生程度较轻，总体为害程度较轻。尽管内蒙古等东北地区2018年秋季未见越冬虫源，我国草地螟主要发生区越冬虫源基数偏低，但我国北方省份与蒙古、俄罗斯、哈萨克斯坦等国存在虫源交流，不排除蒙古与俄罗斯远东地区存在草地螟的越冬虫源区，且具备为我国提供有效虫源的可能。因此，2019年及以后几年应警惕我国草地螟结束间歇期、进入第四个暴发周期的动向。草地螟常发区需加强监测，尤其是东北地区大豆、向日葵等草地螟喜食作物种植面积较大的区域，应注意虫源迁入动态，做到早监测、早防治，有效控制早期为害，并减少下一代虫源基数。

此外，应在系统监测点开展关键生育期气象适合度监测，以便综合分析迁飞动态、种群数量和当地气象条件，提高预测预报准确率。如河北康保县高空测报灯历年系统监测数据显示，2018年8月上、中旬一代成虫过境迁飞种群数量有明显上升的迹象，说明草地螟宜发区上空确实存在大量迁飞种群；但由于此时段干旱少雨，气候和环境条件（包括风场）不适宜，过境虫源多未降落，地面的黑光灯和佳多灯均未监测到蛾峰，田间调查也仅零星见虫，因此当地并未发生二代幼虫为害。

（执笔人：刘杰）

全国农作物重大病虫害趋势预报评估

2018年水稻病虫害预报评估

为进一步提高水稻病虫预测预报的准确性，准确发布病虫情报，我们对2018年发布的病虫情报进行综合评估，及时总结预报发布的经验与不足，以期为今后的预测预报工作积累经验。

1　2018年水稻病虫情报发布概况

2018年共发布水稻病虫情报8期，包括预测2018年全国水稻重大病虫发生趋势、预测早稻和中晚稻病虫发生趋势的长期预报3期，早中晚稻水稻生长期间水稻病虫害发生动态的预警情报5期，具体如下。

1.1　长期预报发布概况

2018年共发布长期预报3期，包括《2018年全国水稻主要病虫害呈偏重发生态势　迁飞性流行性病虫害重发风险高》《2018年早稻主要病虫害呈偏重发生态势》《中晚稻病虫害发生趋势预报 》，这3期预报是组织水稻主产省份的测报技术人员和有关专家现场会商，并结合水稻病虫基数、栽培条件和气候条件等因素，对水稻病虫害主要病虫发生趋势做出的预报。《2018年全国水稻主要病虫害呈偏重发生态势　迁飞性流行性病虫害重发风险高》预计2018年水稻病虫害将呈偏重发生态势，发生面积8 800万hm^2次。其中，虫害发生面积6 000万hm^2次，病害发生面积2 800万hm^2次。发生特点：一是稻飞虱、稻纵卷叶螟发生区域广，华南、江南和长江中下游稻区偏重发生；二是二化螟在大部分稻区发生呈明显回升态势，江南和长江中游稻区重发态势明显；三是稻瘟病在西南、江南、长江中下游和东北局部稻区偏重流行风险高，南方水稻黑条矮缩病在南方局部稻区存在重发流行风险。《2018年早稻主要病虫害呈偏重发生态势》预计早稻病虫害呈偏重发生态势，其中稻飞虱、二化螟、水稻纹枯病偏重发生，稻纵卷叶螟、稻瘟病中等发生；全国发生面积1 873.3万hm^2次，其中虫害发生面积1 273.3万hm^2次，病害发生面积600万hm^2次。《中晚稻病虫害发生趋势预报》预计中晚稻主要病虫害总体呈中等发生态势，发生面积6 466.7万hm^2次。其中，稻飞虱在华南、江南和西南东部稻区，稻纵卷叶螟在长江下游稻区，二化螟在江南和西南北部稻区偏重发生，虫害发生面积4 266.7万hm^2次；水稻纹枯病在南方大部分稻区，稻瘟病在西南北部、长江中下游和东北局部稻区偏重发生，病害发生面积2 200万hm^2次。

1.2 短期情报发布概况

2018年在早中晚稻生长期间共发布水稻病虫害发生动态的短期情报5期，其中早稻生长期间发布2期，中晚稻生长期间发布3期。

早稻生长期间，据各地监测，5月稻飞虱在江南和西南南部稻区迁入虫量较多，稻纵卷叶螟在西南北部、江南局部稻区诱蛾量高，二化螟在华南北部、江南稻区虫口密度高且为害重于2017年同期，水稻纹枯病和稻瘟病在南方稻区扩展速度快。同时，考虑到6月上旬华南和江南地区将有明显降水过程，天气条件也利于水稻病虫害的发生发展，故于6月1日发布一期情报。6月上、中旬，“两迁”害虫（稻飞虱、稻纵卷叶螟）在南方稻区灯下诱虫量和田间虫量同比偏少，长江中游局部偏多；二化螟在江南中稻区虫量较高；穗颈瘟近期在南方早稻区陆续显症，江南稻区局部田块发生程度重。考虑到6月下午天气条件总体有利于江南北部和江淮稻区病虫害的发生，故于6月25日发布一期情报。

中晚稻生长期间，7月中、下旬，稻飞虱在华南、江南中稻区和西南单季稻区，稻纵卷叶螟在长江中下游稻区，二化螟在西南北部和江南稻区田间虫量同比偏多，为害程度重于2017年。考虑到8月上、中旬西南、东北稻区多阵性降水，有利于水稻病虫害的发生，尤其是穗颈瘟的发生流行，故于8月7日发布一期情报。8月，水稻病虫害总体偏轻至中等发生，其中二化螟、水稻纹枯病中等发生，稻飞虱和稻纵卷叶螟偏轻至中等发生，稻瘟病偏轻发生。考虑到9月上旬江南、华南、西南地区东部降水偏多，利于“两迁”害虫的回迁降落，以及水稻病虫害的发生流行，同时长江中下游稻区稻纵卷叶螟成虫大量产卵，田间幼虫量将迅速增加，故于9月3日发布一期情报。9月，水稻病虫害总体中等发生，其中稻飞虱在江南东部稻区虫量上升较快，稻纵卷叶螟在华南稻区虫量略偏高，二化螟在江南稻区虫量明显高于常年，水稻纹枯病普遍发生，穗颈瘟陆续显症，水稻病毒病和水稻细菌性病害在局部地区为害较重。考虑到下阶段江南东部降水较常年同期偏多，利于“两迁”害虫的回迁降落和其他水稻病虫害的发生流行，尤其是福建北部稻飞虱基数较高地区应警惕稻飞虱暴发成灾，故于9月30日发布一期情报。

这5期情报均提醒各地密切关注重点区域田间病虫害发生动态，及时发布病虫情报，适期指导农民开展防治工作，为保障全年水稻丰收发挥了积极作用。

2 预报准确率分析评估

根据《农作物有害生物测报技术手册》中“农作物有害生物预测准确率综合评定方法”，综合评估预报的准确率从发生程度和发生面积两方面进行，并对导致预报偏差的原因进行分析，具体如下。

2.1 发生程度评估

根据“农作物有害生物预测准确率综合评定方法”，长期预报发生程度误差±1级，准确率为100%；误差±2级，准确率为80%；误差±3级，准确率为60%；误差±4级，准确率为40%；误差±5级，准确率为20%。以此为依据，计算2018年长期情报发生程度预报准确率（表6）。从发生程度预报误差来看，实际发生程度与预报发生程度相比，2018年二化螟、水稻纹枯病长期预报误差为0；

稻飞虱、稻纵卷叶螟和稻瘟病长期预报误差为1级。从发生程度准确率来看，根据“农作物有害生物预测准确率综合评定方法”，稻飞虱、稻纵卷叶螟、二化螟、水稻纹枯病、稻瘟病准确率均为100%。

表6 2018年水稻病虫长期发生程度预报准确率统计

病虫种类	全年水稻病虫发生趋势预报			早稻病虫发生趋势预报			中晚稻病虫发生趋势预报		
	预测值（级）	实际值（级）	准确率（%）	预测值（级）	实际值（级）	准确率（%）	预测值（级）	实际值（级）	准确率（%）
病虫害合计	4	3	100	4	3	100	3	3	100
稻飞虱	4	3	100	3～4	3	100	3～4	3	100
稻纵卷叶螟	3	3	100	3	2	100	3	3	100
二化螟	4	4	100	4	4	100	3	3	100
水稻纹枯病	4	4	100	4	4	100	4	4	100
稻瘟病	3	2	100	3	2	100	3	2	100

2.2 发生面积评估

按照《农作物有害生物测报技术手册》中“农作物有害生物预测准确率综合评定方法”，以发生面积预测误差（即预测发生面积与实际发生面积的差值占实际发生面积的百分率）作为衡量标准，当长期预测的误差小于25%时，准确率为100%；误差为25%～35%时，准确率为90%；误差为35%～45%时，准确率为80%；误差为45%～55%时，准确率为70%；误差为55%～65%时，准确率为60%；误差为65%～75%时，准确率为50%。以2018年全国植保专业统计资料中水稻病虫害发生面积作为实际发生面积，计算出全年、早稻、中晚稻病虫预报的预测误差及准确率（表7）。从发生面积评估结果看，二化螟、水稻纹枯病预报准确率均为100%；稻飞虱、稻纵卷叶螟、稻瘟病预报准确率分别为70%～100%、80%～100%、40%～60%。

表7 2018年水稻病虫长期发生面积预报准确率统计

病虫种类	全年水稻病虫发生趋势预报				早稻病虫发生趋势预报				中晚稻病虫发生趋势预报			
	预测值（万hm^2）	实际值（万hm^2）	预测误差（%）	准确率（%）	预测值（万hm^2）	实际值（万hm^2）	预测误差（%）	准确率（%）	预测值（万hm^2）	实际值（万hm^2）	预测误差（%）	准确率（%）
病虫害合计	8 800.0	7 218.4	21.9	100	1 873.3	1 687.4	11.0	100	6 466.7	5 531.1	16.9	100
稻飞虱	2 533.3	1 692.2	49.7	70	466.7	426.0	9.5	100	1 833.3	1 266.1	44.8	80
稻纵卷叶螟	1 533.3	1 185.9	29.3	90	340.0	238.5	42.6	80	1 133.3	947.4	19.6	100
二化螟	1 466.7	1 281.5	14.5	100	326.7	346.2	−5.7	100	900.0	935.2	−3.8	100
水稻纹枯病	1 733.3	1 547.4	12.0	100	446.7	402.4	11.0	100	1 233.3	1 145.1	7.7	100
稻瘟病	500.0	297.6	68.0	50	86.7	53.8	61.2	60	440.0	243.9	80.4	40

2.3 偏差原因分析

发生程度和发生面积两方面的评估结果均显示，二化螟和水稻纹枯病这两种常发性病虫预测准确率均为100%，而稻飞虱和稻纵卷叶螟这两种迁飞性害虫和稻瘟病这一典型的气候型病害准确率有一定偏差。为进一步提高准确率，缩小预测误差，现针对预测准确率有偏差的稻飞虱、稻纵卷叶螟和稻瘟病进行原因分析，具体如下。

上半年，受华南前汛期偏晚和江南稻区入梅偏晚影响，稻飞虱迁入峰期偏迟。同时，南方稻区降水偏少，其中前汛期华南稻区降水量偏少44%，江南、长江中下游、江淮稻区梅雨季节降水量分别偏少32%、38%、35%，导致稻飞虱迁入峰次少，迁入虫量明显偏低，稻飞虱中等发生，发生程度和发生面积的预测准确率均为100%。下半年，夏季高温持续时间长、范围广、强度高，江南、黄淮等的大部分地区高温日数偏多10d以上，高温干旱的气象条件不利于稻飞虱的发生繁殖，稻飞虱中等发生，实际发生程度与预测发生程度一致。但对稻飞虱受高温的影响没有做到充分预判，导致中晚稻实际发生面积低于预测发生面积，发生面积预测准确率仅有80%。

稻纵卷叶螟迁入峰期早，前期迁入蛾量明显高于2017年，据此做出早稻稻纵卷叶螟中等发生的预判，但受南方降水偏少影响，后期造成的早稻稻纵卷叶螟为害程度虽重于2017年，但总体还属于偏轻发生，实际发生程度比预测发生程度偏轻1级，发生面积准确率仅为80%。后期充分考虑到夏季高温干旱对稻纵卷叶螟的影响，发生程度和发生面积准确率均为100%。

稻瘟病总体偏轻发生，局部偏重发生，实际发生程度比预测发生程度偏轻1级，发生面积预测准确率为50%。早稻生长期间，南方降水偏少，不利于稻瘟病发生流行，故总体偏轻发生。中晚稻生长期间，7月下旬至8月上旬正值东北稻区水稻破口抽穗期，是稻瘟病发生的关键时期，据国家气候中心预测，在此期间降水偏多，利于稻瘟病发生流行。因此，农业农村部与中国气象局联合发布稻瘟病偏重流行警报，及时提醒广大农户做好预防，各级植保站积极组织开展稻瘟病的预防工作，有效减轻了该地区稻瘟病的发生程度。8月中旬至9月上旬是长江中下游稻区稻瘟病发生的关键时期，其中8月下旬降水偏少80%～100%，温度偏高1.0～2.5℃，9月温度偏高0.5～2.5℃，大部分地区降水偏少，不利于稻瘟病的流行，故实际发生程度为偏轻发生。因此，科学防控和气候条件是稻瘟病实际发生比预测发生偏轻的主要原因。今后预测可充分考虑科学防控和气候条件的影响，获得更符合实际的预测结果。

（执笔人：陆明红）

2018年小麦病虫害预报评估

1 预报概况

2018年，根据小麦重大病虫害发生发展情况，全年共发布小麦重大病虫害预报7期（表8），较好地指导了小麦重大病虫害防控。

表8 2018年全国小麦病虫情报发布情况

序号	情报标题	发布时间
1	2018年全国农作物重大病虫害呈重发态势	2018年1月3日
2	2018年全国小麦主要病虫害明显重于常年　穗期病虫重发风险大	2018年1月3日
3	小麦条锈病冬繁动态及发展趋势	2018年3月1日
4	当前小麦主要病虫害发生动态	2018年3月19日
5	小麦主要病虫害进入始盛期	2018年4月2日
6	小麦穗期主要病虫呈重发态势	2018年4月11日
7	2018年小麦赤霉病呈偏重以上流行态势	2018年4月11日

2017年12月6～7日全国农业技术推广服务中心在云南省腾冲市召开了2018年全国农作物重大病虫害发生趋势会商会，与会专家根据小麦病虫冬前基数，结合小麦品种布局、长势和天气预报等因素会商分析，2018年1月3日发布了《2018年全国农作物重大病虫害呈重发态势》《2018年全国小麦主要病虫害明显重于常年　穗期病虫重发风险大》。2018年4月9～10日，为准确预报2018年小麦中后期重大病虫害发生趋势，全国农业技术推广服务中心在陕西省西安市召开了全国小麦重大病虫发生趋势会商会，来自全国小麦主产省（自治区、直辖市）的测报技术人员和科研教学单位的植保、气象方面的专家，在病虫害发生基数、品种布局及生长情况的基础上，结合未来天气趋势等因素综合分析，对2018年我国主要病虫害发生趋势进行了预测，并于4月11日发布预报《小麦穗期主要病虫呈重发态势》，预计2018年全国小麦主要病虫害总体发生程度重于常年，穗期病虫重发态势明显，全国发生面积为5 933.3万hm^2次。

除了上述长期预报外，还针对小麦上的两大流行性病害——小麦赤霉病和小麦条锈病，及时发布了中短期趋势预报和病害发生动态。如2018年4月11日发布了《2018年小麦赤霉病呈偏重以上流行态势》，对我国小麦赤霉病发生趋势、重发范围等作出了预报。

2 预报评估

总体看，2018年对小麦病虫害发生程度和发生面积的预报准确率较高，发生程度、发生面积的预报准确率均在95%以上，特别是对小麦病虫害整体发生程度和发生面积的把握还是比较准确的，但在小麦条锈病的预报上误差较大（表9、表10）。

表9 2018年小麦病虫害发生程度预报准确率评估

病虫种类		全年实际发生程度	跨年长期预报			中后期长期预报		
			预报程度（级）	误差（级）	准确率（%）	预报程度（级）	误差（级）	准确率（%）
病害	赤霉病	5	4	1	100	>4	0	100
	条锈病	2	4	2	80	3	1	100
	白粉病	3	3	0	100	3	0	100
	纹枯病	3	4	1	100	4	1	100
虫害	蚜虫	4	4	0	100	5	1	100
	吸浆虫	2	2	0	100	2	0	100
	麦蜘蛛	2	3	1	100	—	—	—
平均		—	—	—	97.1	—	—	100

表10 2018年小麦病虫害发生面积预报准确率评估

病虫种类		全年实际发生面积（万 hm^2）	跨年长期预报			中后期长期预报		
			预报面积（万 hm^2）	误差（%）	准确率（%）	预报面积（万 hm^2）	误差（%）	准确率（%）
病害	赤霉病	610.13	666.67	9.27	100	666.67	9.27	100
	条锈病	163.40	400	144.80	20	253.33	55.04	60
	白粉病	544.03	600	10.29	100	600	10.29	100
	纹枯病	779.12	866.67	11.24	100	866.67	11.24	100
虫害	蚜虫	1 298.89	1 533.33	18.05	100	1 600	23.18	100
	吸浆虫	96.36	100	3.78	100	133.33	38.37	100
	麦蜘蛛	548.19	600	9.45	100	—	—	—
合计		5 333.87	6 000	12.49	100	5 933.33	11.24	100

对于小麦蚜虫、麦蜘蛛、小麦纹枯病等以本地病虫源为主的病虫害，预报准确率基本稳定在100%。对于这类病虫害，在近年来的发生态势的基础上，结合当年病虫发生基数和气候情况进行的预测基本上是可行的。

3 预报偏差分析

小麦赤霉病是一种气候型流行性病害，受气候因素影响比较大，其预测准确度很大程度上受气候预测准确性的制约。跨年长期预报一般根据上年发生情况（菌源量）、品种抗性布局以及长期天气预报进行预测，不确定性比较大。但是近年来，小麦赤霉病维持在偏重以上流行程度，因此在2018年1月的长期预报中，预报小麦赤霉病偏重流行。4月中旬的长期预报又根据4～5月常发区降水预报结果，认为条件更适合，所以比1月的预报在发生程度上进行了调整，预报为偏重以上流行。

对于大区流行性病害小麦条锈病，通过近年来有效治理，发生程度和发生面积维持在低位。但2017年受极端暖冬气候影响，小麦条锈病在黄淮海麦区大流行，当年甘肃、宁夏、陕西秋苗主发区发生面积25.39万 hm^2次，是2012年以来最大的，比2014—2016年分别增加55.1%、76.3%和94.8%，局

部早播麦田发病中心多、病情重。2018年受麦播偏迟和1月中旬极端低温影响，条锈病早春扩展缓慢，3月初河南、湖北、四川、贵州、云南、重庆、陕西和甘肃8省（直辖市）39市144县发生面积3.75万 hm^2 次，发生县数和面积同比分别减少50.2%和78.0%，比2011—2016年同期平均值分别减少4.7%和41.6%。后期加上气候和防治因素影响，条锈病未能发展起来，华北、黄淮发生较轻，西北、西南发生平稳。黄淮麦区发病田一般病叶率为2%～5.1%，华北、江淮麦区零星发生，山东发病田一般病叶率在1%以下。西北麦区发病田一般病叶率为4.3%～28%，发生程度轻于常年。

（执笔人：黄冲）

2018年玉米病虫害预报评估

2018年共发布玉米预报9期，其中包含黏虫发生趋势预报和发生动态情报4期。利用玉米病虫害植保统计资料，将2018年度玉米病虫害预报结果与当年玉米病虫害发生实际情况相比较，对每期预报的发生程度、发生面积、发生期预测的准确程度按照《农作物有害生物测报技术手册》中“农作物有害生物预测准确率综合评定方法”做出评价，分析预报准确或存在偏差的原因，有助于提升今后玉米病虫害预报准确率。

第4期病虫情报《2018年全国玉米病虫害发生种类多　迁飞性害虫重发风险高》，预测2018年全国玉米病虫害呈偏重发生态势，预计发生面积7 200万hm^2次，虫害发生5 333万hm^2次，病害发生1 867万hm^2次。实际病虫害发生6 041万hm^2次，虫害发生4 533万hm^2次，病害发生1 508万hm^2次。按照《农作物有害生物测报技术手册》中农作物有害生物预测准确率计算标准（长期）来看，病虫发生总面积预测准确率为100%，病害发生面积预测准确率为100%，虫害发生面积预测准确率为100%，发生程度预测准确率为100%。

第19期病虫情报《今年一代黏虫见蛾早、峰次多　北方地区应及时监测二代黏虫发生》，针对5月江淮、黄淮、华北、东北、西南和西北地区陆续出现一代成虫，局部始见卵，大部分地区蛾量突增日早、蛾峰多，蛾量高于2015—2017年同期量，并结合天气条件和作物种植，预计2018年二代黏虫总体中等发生，河北、陕西、内蒙古等局部降水丰沛、管理粗放地区会出现高密度田块，河南大部、江苏和安徽北部的局部麦秸多、湿度大田块警惕二代黏虫滞留当地发生为害。预计全国发生面积约为200万hm^2，幼虫为害盛期在6月上旬末至7月上旬。实际二代黏虫发生183.5万hm^2，发生面积预测准确率90%（短期）。全国总体中等发生，发生程度预测准确率100%。内蒙古、辽宁、陕西、山西、宁夏、四川部分地区出现高密度田块，内蒙古通辽、赤峰、兴安盟等局部地区达偏重发生，预测的重发区域与实际发生情况基本一致。

第20期病虫情报《东北地区草地螟越冬代成虫突增　警惕一代幼虫严重为害》。草地螟为我国东北、华北和西北地区的重要农业害虫，具有暴发和突发为害特点。2018年是自2010年处于间歇期以来发生数量最多和发生范围最大的一年，根据草地螟越冬代成虫在内蒙古东部、黑龙江西南部和吉林西部突增，灯下和田间虫量普遍较高，内蒙古部分地区田间见卵，初步估算成虫发生面积超过66.7万hm^2。提醒各地应高度关注周边发生动态，及时开展灯下和田间蛾量调查，做好幼虫和卵量普查，指导适期防治，避免出现大面积为害损失。实际一代幼虫共发生44.2万hm^2，发生面积和发生程度均是2010年以来之最，与预报结果一致。

第21期病虫情报《一代玉米螟发生趋势预报》，预计一代玉米螟在新疆北部、东北大部、黄淮海地区中等发生，其他地区偏轻发生，全国一代玉米螟发生约866.7万hm^2。玉米螟越冬代成虫羽化盛期，东北北部地区较常年偏早2～5d，东北南部地区较常年偏晚2d，其他各地区与常年接近或者偏早、偏晚5d以内。预计6月中旬至7月末，江淮、黄淮、西北、华北、东北将陆续进入一代幼虫为害盛期。从实际发生情况来看，年底各省（自治区、直辖市）统计一代玉米螟实际发生面积之和为725.9万hm^2，发生面积预测误差为19.4%，准确率为80%。一代玉米螟发生范围和羽化盛期的推测与实际情况基本吻合。预测发生面积偏大的原因主要是各地大力推广秸秆粉碎还田措施，东北等玉米主产区玉米螟基数下降明显，加上一代玉米螟防控到位，实际发生面积小于预期，呈现逐年减轻的趋势。

第22期病虫情报《二点委夜蛾在河北和山东局地存在重发风险》，根据2018年黄淮海夏玉米区病虫测报网监测，二点委夜蛾一代成虫发生量较大，田间生态环境和未来气候条件总体有利，预计二点委夜蛾在黄淮海夏玉米主产区总体中等发生，河北和山东局部地区田间覆盖物多的地块将偏重发生，

生态调控措施好、田间覆盖物少的地区偏轻发生。预测全国发生面积为133.3万hm^2，幼虫为害高峰期为6月下旬至7月上旬。从全年发生实际情况看，发生面积49.9万hm^2，发生面积预测误差较大。分析原因，黄淮海地区近年清除麦秸、清理播种行、秸秆细粉碎、机械灭茬等生态防控措施推广应用面积逐年增大，破坏了二点委夜蛾的适生环境，总体发生程度比2011—2014年重发年份明显减轻，二代幼虫总体偏轻发生，仅在冀南、鲁中西部、豫北为害程度较重。今后在遇到一代成虫量大的年份，做出二代幼虫发生情况预测时，应适当调低预测发生面积和发生程度。

第23期病虫情报《近期草地螟发生动态》，6月上、中旬，草地螟越冬代成虫数量在内蒙古东部、黑龙江西南部和吉林西部突增，灯下和田间虫量高，成虫发生面积超过100万hm^2。东北地区越冬代成虫数量逐步降低，一代幼虫数量明显上升，局部适宜产卵和杂草多的田块幼虫量高、为害重。截至6月20日，初步统计全国草地螟一代幼虫发生面积超过46.7万hm^2。同时，提醒各地部分东北监测点仍能监测到成虫，田间虫龄不整齐，其中，内蒙古东部多数地区6月15日诱蛾量仍有几十头，乌兰浩特最高单灯日诱蛾量达320头。依据历期推算，草地螟一代幼虫为害期可持续到7月初。因此，提醒各地植保部门继续进行大田普查，掌握草地螟严重发生区域，及时发布虫情动态和防治适期预报，力争将幼虫为害程度降到最低，努力保障秋粮丰收。

第29期病虫情报《玉米中后期病虫害发生趋势预报》，预测三代黏虫发生166.7万hm^2，总体中等发生，东北、华北、西北、黄淮局部会出现高密度集中为害的区域；二代草地螟发生20万hm^2，在内蒙古东部及其周边地区有偏重发生的可能；大斑病发生42.7万hm^2，在东北东部偏重发生，东北中西部、华北北部、西北东部、西南局部中等发生。实际发生情况，三代黏虫和大斑病等病虫害预测结果较为准确，但二代草地螟仅零星发生，与预测结果和一代成虫虫源量高度不吻合。今后应在系统监测点开展关键生育期气象适合度监测，以便综合分析迁飞动态、种群数量和当地气象条件，提高预测预报准确率。如河北康保县历年高空测报灯系统监测数据显示，2018年8月上、中旬一代成虫过境迁飞种群数量有明显上升的迹象，说明草地螟宜发区上空确实存在大量迁飞种群；但由于此时段干旱少雨，气候和环境条件（包括风场）不适宜，过境虫源多未降落，地面的黑光灯和佳多灯均未监测到蛾峰，田间调查也仅零星见虫，因此当地并未发生二代幼虫为害。

第31期病虫情报《2018年三代黏虫发生趋势预报》，根据二代黏虫发生面积大、局部虫量高，7月中旬东北、华北、黄淮大部分地区出现二代黏虫蛾峰，但峰值相对较低，东北大部分和黄淮部分站点诱蛾量高于2017年同期，结合近期和未来气象因素，预计三代黏虫总体中等发生，发生面积为133.3万hm^2。其中，东北和华北北部蛾量高、杂草多、气候适宜地区将出现集中高密度为害区域或地块，幼虫为害盛期在7月底至8月中旬。实际三代黏虫在华北、东北、黄淮、西北地区发生，发生面积为113.1万hm^2，发生面积预测准确率（短期）为80%，总体中等发生，黑龙江、辽宁、内蒙古、河北、天津、陕西、山东和宁夏的部分县（区）杂草多的玉米和谷子田虫量高、为害重，发生程度、为害盛期以及重发区域与预测结果一致。

第33期病虫情报《三代黏虫发生防治动态》，自7月底开始，三代黏虫在华北、东北、西北地区陆续发生，总体为害程度偏轻，黑龙江中南部、河北中部、内蒙古东部、天津和宁夏的部分县（区）发生程度相对较重，部分管理粗放、杂草多的玉米、谷子和水稻田出现高密度集中为害地块。截至8月20日，初步统计5个省（自治区、直辖市）发生面积46.7万hm^2，达防治指标面积11.3万hm^2，高密度田块得到有效控制。提醒各地三代黏虫田间虫龄不齐，不同省（自治区、直辖市）之间和同一省（自治区、直辖市）不同县市之间的虫龄也存在差异，为害持续时间较长。大部分地区幼虫已陆续入土化蛹，但仍存在高龄幼虫正在为害地块。各地植保部门要继续进行大田普查，及时有效控制幼虫为害，努力保障秋粮丰收。

（执笔人：刘杰）

2018年马铃薯晚疫病预报评估

1 预报概况

2018年，全年共发布马铃薯晚疫病发生趋势预报和发生动态情报4期（表11），较好地指导了马铃薯晚疫病防控工作。

表11　2018年全国马铃薯晚疫病情报发布情况

序号	情报标题	发布时间
1	2018年全国农作物重大病虫害呈重发态势	2018年1月3日
2	南方春马铃薯晚疫病呈偏重发生趋势	2018年4月18日
3	北方马铃薯晚疫病重发态势明显	2018年7月16日
4	当前北方马铃薯晚疫病发生动态	2018年8月23日

2017年12月6～7日全国农业技术推广服务中心在云南省腾冲市召开了2018年全国农作物重大病虫害发生趋势会商会，马铃薯主产区测报技术人员对2018年马铃薯晚疫病发生趋势作出了预测，预计马铃薯晚疫病总体中等发生，西南东部、东北北部、华北北部和西北东部偏重流行风险高，发生面积200万hm^2次。预报结果发布在2018年1月3日的第1期植物病虫情报《2018年全国农作物重大病虫害呈重发态势》上。

针对南方春马铃薯晚疫病，2018年4月17日，全国农业技术推广服务中心组织召开了南方春马铃薯晚疫病发生趋势网络会商会，并于4月18日发布预报，预计南方春马铃薯晚疫病总体偏重发生，湖北西部、湖南西北部、重庆大部、四川西南部、云南北部和东北部局部地区有大流行的风险。2018年7月13日，全国农业技术推广服务中心组织召开了北方马铃薯晚疫病发生趋势网络会商会，并于7月16日发布预报，预计马铃薯晚疫病在北方大部分产区总体偏重发生，甘肃东南部、内蒙古中东部等地局部大流行。

2 预报评估

根据“农作物有害生物预测准确率综合评定方法”，对上述4期预报的准确性进行了评估。总体来看，对马铃薯晚疫病的发生程度、发生面积预测比较准确，准确率达90%以上（表12）。

表12　2018年马铃薯晚疫病发生趋势预报评估

趋势预报	发生面积				发生程度			
	实发面积（万hm^2）	预报面积（万hm^2）	误差（%）	准确率（%）	实发程度（级）	预报程度（级）	误差（%）	准确率（%）
全年预报	203.04	200	1.50	100	3	3	0	100
南方	109.19	99.67	8.72	100	4	4	0	100
北方	89.92	110.67	23.08	90	4	≥4	0	100

3 预报偏差分析

马铃薯晚疫病是一种典型的气候型流行性病害，受降水和田间湿度影响大。特别是北方马铃薯主产区，天气预报的准确性直接影响北方马铃薯晚疫病发生趋势的预报。北方马铃薯晚疫病一般年份为中等发生，遇夏季降水偏多年份可达偏重或以上发生，如2012年和2013年。2018年，甘肃、宁夏等地7～8月降水明显偏多，马铃薯晚疫病呈偏重以上程度发生。近年来，由于种植大户对马铃薯晚疫病预防控制高度重视，加上马铃薯晚疫病实时监测预警系统的推广应用，内蒙古等地马铃薯晚疫病发生面积明显减少，北方马铃薯晚疫病发生面积预报存在一定误差。

（执笔人：黄冲）

测报工作总结及重大项目研究进展

2018年病虫测报工作总结及2019年工作思路

病虫测报是制订防控方案、科学指导防治、提高防治效果、减少农药使用量的主要依据，在重大病虫防控中发挥着情报信息支撑的作用。2018年，病虫害测报处以十九大精神为指引，在全国农业技术推广服务中心的领导下，紧紧围绕农业农村部党组和全国农业技术推广服务中心的工作重点，以推进农技中心好单位建设为目标，分工协作，狠抓落实，较好完成了各项工作任务，现总结如下。

1 2018年病虫测报工作总结

1.1 加强监测预警，为保障国家粮食安全提供支撑

病虫测报是制订防治决策和方案，科学施药，提高防治效果的依据。一年来，病虫害测报处认真组织全国31个省（自治区、直辖市）1 030个区域站开展病虫监测预警工作，组织会议会商活动6次，网络会商2次，发布病虫情报36期，在中央电视台综合频道（CCTV-1）发布病虫预警5期，并通过广播、微信、网络同步发布。在准确预报的基础上，提高了预报的及时性和到位率，为实现“虫口夺粮”、保障国家粮食安全提供了有力的支撑，特别是小麦赤霉病的准确预报、山东峡山水库蝗情的监测处置工作得到了农业农村部余欣荣副部长的批示肯定。

1.2 围绕绿色发展，突出工作创新性

一是加强经济作物病虫测报。加强经济作物病虫测报是落实农业高质量发展要求、保障种植业供给侧结构性改革顺利实施的必然选择。为此，2018年全国农业技术推广服务中心组织召开了全国经济作物病虫测报技术研讨会，开展经济作物病虫发生和测报基础摸底，为加强技术储备，逐步提高经济作物病虫测报服务水平，服务经济作物产业发展、产业扶贫和乡村振兴奠定了基础。

二是加强技术培训。全年共举办培训班4期，培训基层测报人员近400人次，共1万学时。2018年适逢全国农作物病虫测报技术培训班举办40周年，3月全国农业技术推广服务中心在南京农业大学隆重举办了全国农作物病虫测报培训40周年总结和纪念活动，中国工程院吴孔明院士、康振生院士，以及农业部人事劳动司、种植业管理司等司局的领导出席会议，全国测报系统各方面的代表近150人参加活动。全国农业技术推广服务中心主任刘天金和党委书记魏启文亲笔为《全国农作物病虫测报技术培训40年》纪念册撰写寄语和卷首语，魏启文同志主持活动开幕式并讲话，使全国测报战线的同志们备受鼓舞，《农民日报》《科技日报》等多家媒体做了报道宣传。

三是加强示范展示。为切实推进农技中心好单位建设，积极落实全域绿色生产模式集成示范，2018年病虫害测报处集中力量和资源，先期投入70多万元，购置现代自动化、智能化监测设备，在内蒙古自治区巴彦淖尔市杭锦后旗建成了国家现代病虫测报示范园，并在此举办了新型测报工具应用技术培训班，开展现代病虫测报建设现场观摩活动，积极支持推进全域绿色生产模式集成示范，积极引导新一期植保工程规范建设。

1.3 加强基础建设，促进测报可持续发展

一是认真完成信息整合联络工作。根据全国农业技术推广服务中心领导批示，积极配合农业农村部政务信息资源整合共享专项工作组和种植业管理司开展种植业板块整合需求调研工作，编制了种植业板块需求分析报告，按时完成专项工作组布置的各项工作。全年共编报信息整合周报35期、月报9期，较好地完成了信息整合阶段性工作，奠定了全国农业技术推广服务中心在农业农村部信息整合工作中的地位。

二是推进中心本级植保工程建设项目立项。牵头与所有植保处室都有关的“全国农作物病虫疫情监控中心”建设项目立项工作，通过反复细致的工作，项目可行性研究报告通过了农业农村部工程建设服务中心和发展规划司的评审和公示。等待农业农村部信息化领导小组审批后争取立项实施，为构建农事在线智慧农业技术云平台奠定了基础。

三是创新推进植保大数据建设。为落实国家大数据战略总体部署，病虫害测报处将大数据技术应用作为测报创新项目加以推进。在大数据技术试验示范和举办大数据应用现场会的基础上，10月在全国农业技术推广服务中心举办了植保大数据建设和应用专家报告会，创造了全国农业技术推广服务中心第一个上午开会，下午新闻就上农业农村部网站和新闻头条的记录，在农业农村部和社会上引起了较好反响。

1.4 加强国际合作，拓宽测报视野

加强国际合作是延伸情报信息链、提高病虫发生早期预见性的有效手段。2018年病虫测报国际合作进一步深化，扩大了监测预警的工作圈、朋友圈。全年共组织出访交流团（组）2个，接待来访专家团（组）5个。2018年中韩双方在北京签署了水稻迁飞性害虫与病毒病监测项目第四期合作协议，刘天金主任、魏启文书记出席了相关活动。通过实施中越合作项目，及时掌握境外虫源地、毒源地的病虫害发生情况，极大地提高了我国迁飞性害虫监测预警的准确性和时效性。

1.5 加强项目实施，提升测报科技支撑能力

病虫害测报处顺利完成了转基因专项和国家重大研发计划等课题2018年度研究任务。全年共发表

第一作者论文13篇，编辑出版著作2本，制定标准4项，获得省部级科技进步一等奖1项2人次、二等奖1项2人次。获得《植物保护》优秀稿件2项6人次。通过加强项目实施和技术储备，提升了病虫测报科技支撑能力。

2 2019年病虫测报工作思路

2019年病虫测报工作要深入贯彻落实党中央、农业农村部党组关于"三农"工作新部署、新要求，聚焦农业高质量发展，按照全国农业技术推广服务中心领导班子的总体部署，以建设农技中心好单位为抓手，转变工作思路，加强技术引领，突出抓好重大病虫害监测预警、新型测报工具试验示范、业务能力提升等重点工作，为科学指导防控、有效控制病虫灾害、保障国家粮食安全、促进农业绿色发展提供有力技术支撑，用卓有成效的工作向新中国成立70周年献礼。

2.1 认真做好重大病虫害监测预警工作

做好重大病虫害监测预警工作、及时发布预报信息、科学指导防控是病虫测报的基本职能。2019年病虫测报要适应财政体制改革要求，推进病虫疫情监测综合站点建设，以实施精准测报、科学指导防控、服务农药减量为目标，为服务农业高质量发展提供有力技术支撑。

一是完善测报网络。适应财政体制改革要求，从全国农作物病虫疫情测报网络体系中遴选技术力量强、设施条件好、作物代表性强的300个站点，进行重点支持，建设全国农作物病虫疫情测报网络综合示范站，承担重大病虫草鼠调查监测、植物疫情监测、农药抗性监测、农药使用情况调查等任务，并辐射周边，带动全国监测预警体系的建设与发展。

二是加强监测预警。组织全国31个省（自治区、直辖市）植保站和1 030个农作物病虫害测报区域站（包括300个综合示范站），加大调查监测力度，及时调度病虫信息，关键时期实行"两周一报"制度，对新发害虫草地贪夜蛾在关键时期实行"一周一报"制度，及时掌握全国农作物重大病虫害发生动态，为科学指导全国重大病虫害的防控提供信息支撑。

三是加强预报发布。在准确掌握重大病虫害发生动态的基础上，加大重大病虫害发生趋势会商力度，全年计划召开小麦、早稻、中晚稻、玉米、马铃薯及棉花和其他经济作物2020年重大病虫害发生趋势会商会6次，发布预报25期以上，全面提升预测预报的准确性。完善"广播、电视、手机、网络和情报"五位一体病虫预报发布模式，突出病虫电视预报，扩大预报预警信息覆盖面并提高到位率，为科学指导防治提供准确的预报信息。

2.2 深入推进新型测报工具试验示范

新型测报工具推广应用是集成测报新技术、提升监测预警能力的有效手段，是推进病虫测报自动化、智能化和信息化的主要途径，也是实施精准测报的根本方向。近年来，信息技术的发展为研发推广新型测报工具提供了有利条件，全国农业技术推广服务中心多年来与有关科研、教学单位和企业的合作为加快新型测报工具示范推广奠定了基础。

一是开展农作物病虫测报物联网试验示范。组织安排7个省（自治区、直辖市）14个站点开展农作物病虫测报物联网试验示范。通过规范试验处理、严格试验过程、科学研判结果，进一步升级灯下害虫自动鉴定和分类记数、田间小气候实时采集分析和远程实时监控等功能，逐步推进病虫测报自动化、信息化，实现病虫观测场信息采集无人值守目标。

二是开展重大害虫性诱实时测报系统试验示范。组织安排11个省（自治区、直辖市）22个站点开展重大害虫性诱实时测报系统试验示范，进一步研究明确害虫的种类、历史数据和田间发生情况的关系，逐步制订以性诱数据为主的测报方法，探索建立灯诱、性诱和田间信息采集相结合的重大害虫智能测报体系。

三是开展农作物病害实时预警系统试验示范。以马铃薯晚疫病和小麦赤霉病实时预警系统试验示范为重点，组织安排4个省（自治区、直辖市）8个站点开展病害实时预警系统试验示范，在检验预警系统预测准确性的基础上，进一步校正参数，优化预测模型，提高预警系统的准确性和实用性，不断提高重大流行性病害的智能化监测水平。

四是加强新型测报工具示范展示。在运行维护好内蒙古自治区巴彦淖尔市杭锦后旗的国家现代病虫测报示范园的基础上，在北京市延庆区新建一处现代病虫测报示范园，利用2019年中国北京世界园艺博览会的窗口，将目前生产上试验、示范、推广的各类先进新型测报工具集中示范展示，增强宣传效果，促进全社会了解和支持病虫测报。

2.3 努力提升病虫测报信息化水平

病虫测报本身是信息技术的一个应用学科，病虫测报发展的根本方向是自动化、智能化、信息化。2019年病虫测报要在信息化较好基础上，继续推进信息化建设。

一是强化运维工作以保证现行测报系统稳定运行。全国农作物重大病虫害数字化监测预警信息平台已建设运行10年，成为全国农作物病虫害监测预警体系信息报送和调度的必备工具。目前共积累19年的200多万张报表、3 000多万项测报调查数据，每年新增积累约20万张报表、近300万项数据，并初步将农作物病虫测报物联网、重大害虫性诱实时测报系统和农作物病害实时预警系统整合到该平台上，平台功能进一步增强，一旦出现故障，将严重影响全国病虫测报的信息传输与调度工作。因此，必须竭尽全力，制订全面的运维保障方案，确保系统稳定运行。同时，根据国家信息系统整合的要求，进一步整合其他相关信息系统，打通信息孤岛，提高数据资源共享程度和利用效率。

二是适时推进病虫疫情监测中心项目立项建设。全国农业技术推广服务中心编制的全国农作物病虫疫情监测中心建设项目可行性研究报告2018年已通过农业农村部发展规划司立项公示。2019年要根据农业农村部信息化领导小组审批情况，争取早日立项启动，构建集植物疫情监管、病虫监测预警、防控调度指挥、农药药械服务、植保专业统计于一体的全国农作物重大病虫害防控指挥调度系统，为逐步构建“农事在线”智慧农技平台创造条件。

三是积极谋划推进植保大数据平台建设。结合有关科研项目实施和测报信息化建设、新型测报工具研发，与中国科学院合肥智能机械研究所等单位加强合作，通过加强技术培训和试验示范，在研究解决病虫害田间发生数据移动智能采集和自动识别计数问题的基础上，推进植保大数据平台建设，开发针对广大农户和其他社会公众的植保大数据服务平台，提供病虫害从鉴定识别到发生趋势预报和防治指导，以及供应商和防治服务组织等全方位的信息支持，真正让大数据技术走进千家万户，在提高重大病虫害监测防控能力中发挥作用。

2.4 全力服务乡村振兴中心工作

一是实施植保工程。配合种植业管理司等主管司局，继续加强项目管理调度和技术指导，合理规划网点布局，指导建设单位按要求配置先进实用的自动化、智能化监测设备，确保项目建设规范、实用、高效，为提升重大病虫害监测预警能力奠定基础。

二是服务信息整合。当前，国家和农业农村部正在集中推进政务信息系统整合和数据资源共享。工作量大、专业性强，任务急、要求高，要随时准备根据农业农村部政务信息资源整合共享专项工作组和种植业管理司的要求，保质保量完成种植业板块业务整合需求调研和汇总梳理工作，为促进全国农业技术推广服务中心信息化建设营造良好环境。

三是助力产业扶贫。在工作安排上，向新疆、西藏、大兴安岭南麓片区、湘西、鄂西和河北张家口等贫困地区倾斜，支持对口部门开展工作。加强经济作物病虫害监测防治技术研究和储备，聚焦产业扶贫，为乡村振兴和产业扶贫贡献智慧和力量。积极参与全域绿色生产模式创建及化肥农药双减集成示范等重大项目实施，促进项目出成绩、见效益、树品牌，为擦亮全国农业技术推广服务中心金字招牌贡献力量。

2.5 不断强化病虫测报业务能力建设

强化测报业务能力建设是促进测报事业可持续发展、提高监测预警能力的永恒主题。2019年要结合做好重大病虫害监测预警工作，通过加强测报技术培训、测报技术研究、测报国际合作和植保工程实施，不断促进测报业务能力建设。

一是加强测报培训。在南京农业大学和西南大学分别同期举办第41期全国农作物病虫测报技术培训班，每个班50人，为期2周，重点培训基层测报区域站技术骨干，系统讲授病虫测报的原理和方法、病虫测报的新技术，以及代表性病虫的测报办法，为促进全国测报体系基层人员业务能力提升创造条件。同时，举办植保大数据应用技术培训班，为促进全国测报体系了解植保大数据、推广应用大数据、参与建设大数据奠定基础。

二是加强技术研究。继续组织实施好"粮丰工程""化肥农药双减""转基因专项"等测报相关科研项目，为参与执行项目的基层站点的人员提供学习先进技术的渠道，提升业务能力；充分利用现有调查监测数据，研究病虫发生规律，探索模型预警技术，提升测报水平。

三是加强国际合作。继续组织实施好中越、中韩水稻迁飞性害虫监测与治理合作项目，按计划组织好病虫情的联合监测、数据交换、信息交流、人员互访，以及双边技术研讨和学术交流活动。根据"一带一路"倡议要求，谋划同东盟和周边国家病虫害发生信息交流和监测预警技术合作项目，扩大我国农作物病虫害监测预警"朋友圈"，进一步提高我国农作物迁飞性害虫监测预警的早期预见性。

四是组建测报专家组。根据全国病虫测报工作需要，按作物和重大病虫，选择一批专家，组成专家工作组，形成专家工作机制，共同开展病虫调查、趋势会商，研究确定发展思路、对策等。

五是谋划工作思路。2019年的财政体制改革是革命性的，必须密切关注其动向和后效应。对全国病虫测报而言，必须在传统的依靠基层站点调查监测的基础上，转变工作思路，在重点做好全国重大病虫害的趋势预报和信息调度的基础上，集中力量抓好新型测报工具研发与示范推广、测报信息系统建设和植保大数据平台开发、测报标准制（修）定、病虫害危害损失测定与植保统计、测报技术研究与示范等工作，使生产基地精准测报和大范围趋势预报相结合，不断提升农作物病虫害监测预警水平。

（执笔人：刘万才）

全国植物保护能力提升工程项目建设情况调研报告

2017年、2018年中央预算内安排资金实施全国植物保护能力提升工程项目。为掌握各地农业病虫疫情监测能力建设情况，规范建设内容，推进项目建设进度，根据农业农村部种植业管理司的要求，全国农业技术推广服务中心于2018年10月中、下旬组织由项目实施省份成员组成的指导组，实地对湖北、山东、河南、内蒙古等12个省份项目建设情况进行了调研指导。指导组通过听取汇报、查阅资料和实地查看等方式，了解了项目建设内容、实施方式、建设进度等情况，提出了针对性问题和建议，活动达到了交流经验、督促进度、提高质量的目的。根据调研和近期调度情况，现将项目建设情况汇报如下。

1 基本情况

1.1 概况

植物有害生物疫情监测检疫能力、植物有害生物防控能力、农药风险（安全性、有效性）监测能力是植物保护能力提升工程"十三五"建设重点。其中，植物有害生物疫情监测检疫能力的建设内容有：建设全国农作物病虫疫情监测中心、雷达监测站（7个），农作物病虫疫情监测中心（省级）田间监测点（一批）。2017年、2018年项目主要实施农作物病虫疫情监测中心（省级）田间监测点建设等内容。

1.2 资金落实情况

2017年项目，在河北、内蒙古、辽宁、吉林、江苏、江西、山东、河南、湖北、湖南、四川11个粮食主产省份实施，在93个县（市、区）改建和新建371个田间监测点。计划中央和地方配套资金分别为12 088万元、3 278.22万元，目前到位资金分别为11 338万元、1 738.04万元（表13）。

表13 2017年植物保护能力提升工程项目建设基本情况

省份	项目资金（万元）					县（市、区）数（个）	田间监测点数（个）
	中央到位	中央未到位	地方配套到位	地方配套未到位	合计		
河北	1 100	0	225	50	1 375	8	26
内蒙古	1 100	0	55.54	66.68	1 222.22	6	22
江西	1 088	0	157.5	114.5	1 360	9	27
辽宁	850	250	70	52	1 222	10	30
吉林	1 100	0	122	0	1 222	10	32
江苏	850	250	0	733	1 833	8	41
山东	850	250	733	0	1 833	9	48
河南	1 100	0	275	0	1 375	8	33
湖北	1 100	0	23	252	1 375	9	40
湖南	1 100	0	0	272	1 372	8	32
四川	1 100	0	77	0	1 177	8	40
合计	11 338	750	1 738.04	1 540.18	15 366.22	93	371

2018年项目，在河北、山西、内蒙古、安徽、江西、云南、贵州、陕西、甘肃、青海10个省份实施，在60个县（市、区）改建和新建288个田间监测点。计划中央和地方配套资金分别为12 170万元、1 699万元，目前到位资金分别为6 312万元、208.45万元（表14）。

表14　2018年植物保护能力提升工程项目建设基本情况

省份	项目资金（万元）					县（市、区）数（个）	田间监测点数（个）
	中央到位	中央未到位	地方配套到位	地方配套未到位	合计		
河北	600	468	0	267	1 335	6	30
山西	600	654	112	202	1 568	6	30
内蒙古	600	596	74.45	55.55	1 326	6	25
安徽	1 012	416	0	242	1 670	9	45
江西	600	630	22	115	1 367	6	30
云南	600	548	0	128	1 276	5	25
贵州	600	520	0	80	1 200	5	25
陕西	600	760	0	151	1 511	6	24
甘肃	600	599	0	120	1 319	6	30
青海	500	667	0	130	1 297	5	24
合计	6 312	5 858	208.45	1 490.55	13 869	60	288

1.3　实施方式

2017年项目，河北、辽宁、吉林、江苏、山东、河南、湖南、四川8个省份省级统一实施，内蒙古、江西、湖北3个省份各县（市、区）分别实施。2018年项目，河北、山西、陕西、甘肃、青海、云南、贵州7个省份省级统一实施，内蒙古、江西、安徽3个省份各县（市、区）分别实施。

2　建设内容

农作物病虫疫情监测中心（省级）田间监测点的建设内容主要有田间监测设备和调查工具、信息化系统、田间配套工程等三个方面。田间监测设备和调查工具，新建或改建农作物病虫疫情田间监测点，主要配备自动虫情测报灯、性诱监测诱捕器、气候监测仪、重大病害智能监测仪、田间可移动实时监测设备和数据传输、汇总、分析等软硬件设施设备以及交通工具；重点监测点，增配田间实时监测物联网设施设备。信息化系统，健全县级病虫疫情信息化处理系统，完善省级病虫疫情信息调度指挥平台。田间配套工程，主要安装物联网设施设备、工具房、围栏等。

各地严格按照实施方案批复的建设内容组织实施，设备采购依照《中华人民共和国招标投标法》公开招标。设备选择符合国家或行业技术标准，或经省级以上植保机构组织的2年4地试验，证明技术成熟、性能优良、运行稳定的产品；县级信息处理系统要求统一参数、功能和服务，确保监测设备采集的数据有效对接和后续维修保养服务；田间配套工程建设要求统一标准设计和施工，确保工具房、围栏和仪器设置科学合理、整齐一致。从调研省份已实施情况看，自动化、智能化的监测物联网设备主要是国家级或省级多年试验示范的知名企业的主打产品，信息处理系统依托具有前期工作基础的开发公司，与田间设备兼容性强，与省级、国家级信息平台实现互联互通。

3 建设进度

3.1 2017年项目

项目中央资金下达后，各省（县）需向省级发展和改革委员会报送项目实施方案，得到省级发展和改革委员会批复后，组织招投标文件、公开招标，随后进行设备采购、田间基建、设备调试等工作，县级、省级系统建设同时进行。2017年项目进度以内蒙古最快，目前6个项目县级设备已安装完毕，正在试用中，也完成了县级、省级系统建设任务；其次是辽宁、河南、山东、四川、湖北、湖南6个省份，完成全部或大部分设备采购，正进行设备安装，年底前设备安装到位。以上7个省份计划2019年上半年进行设备和系统试运行，争取2019年下半年正常使用，年底前完成项目验收。吉林、江西、河北、江苏4个省份实施中遇到各种问题，影响项目执行进度。吉林仅完成马铃薯晚疫病设备采购，其他大部分设备招投标文件仍在省政府采购中心审核。江西9个项目县仍有1个县实施方案未批复，仅有3个县完成招投标文件，目前正在招标。江苏、河北项目配套资金未到位和未足额到位，致使招投标文件完成后未进行招标。目前各省份正在积极推进项目建设，11个省份计划2019年完成项目任务并进行验收。

3.2 2018年项目

2018年项目进度，内蒙古、河北、甘肃、青海4个省份和江西的3个县实施方案已批复，内蒙古3个县完成招标，甘肃正进行招标；陕西、山西、云南11月可完成实施方案，陕西实施方案11月1日已函报省级发展和改革委员会；安徽、贵州正在准备。甘肃计划2019年上半年完成项目，青海、山西、云南计划2019年年底前完成，河北、内蒙古、安徽、江西、贵州、陕西计划2020年完成。

4 问题和建议

4.1 加强项目指导和管理

项目实施省份严格执行国家发展和改革委员会出台的《全国动植物保护能力提升工程中央预算内投资专项管理办法》（发改农经规〔2017〕1691号），国家发展和改革委员会农村经济司、农业部发展计划司制订的《植物保护能力提升工程项目前期工作指南（试行）》。农作物病虫疫情监测中心（省级）田间监测点的建设，目前依照《全国农业技术推广服务中心关于加强农作物病虫疫情监测能力建设的指导意见》进行，但调研省份力度不够，建议农业农村部尽快出台一个操作性强的监测点项目建设指导意见，明确实施主体，规范建设标准，严格项目管理，压实工作责任，指导项目依法依规科学实施。全国农业技术推广服务中心应根据近两年建设经验和模式，尽快组织专家论证，提出田间监测点建设标准，指导各地规范选址和设备合理布局，为更好地发挥设备作用以及后续项目建设提供科学依据，更为完善全国智能化监测网建设打下坚实基础。同时组织对全国监测点仪器设备运行情况进行考察检验，结合有针对性的试验，汇编先进测报设备技术资料，提出智能化监测设备推荐名录，为后续项目建设选配成熟稳定设备提供科学依据。

4.2 加大中央资金支持力度

从前两年项目实施情况看，地方配套资金落实难及中央资金分次下达导致实施操作难问题影响了项目执行进度。按项目申报要求，东部、中部、西部地区地方配套资金比例为40%、20%、10%。2017年11个项目省份落实配套资金仅占配套资金的53%，河北、辽宁、内蒙古、江苏、湖南、湖北、江西7个省份无配套资金或资金不足。2018年项目，目前也仅有内蒙古、山西、江西分别得到部分配套资金。江苏在实施方案得到江苏省发展和改革委员会批复后，因配套资金不到位，农委纪检部门提出项目不启动的意见，项目处于停滞状态；河北也是在等待配套资金落实，

以致至今未进行招标；江西等省份也是因为配套资金问题将项目落实到县级实施，目前也是实施偏慢的省份。

2017年和2018年项目中央资金都不是一次下达。2017年项目有8个省份两次且分两年下达，辽宁、江苏、山东目前仍有250万元未到位；2018年项目多为下达了一半的经费。资金的分次下达尤其是跨年度下达，一则影响项目实施进度，尤其是2018年项目因批复资金和申报资金出现较大差距，大部分项目省份需重新编制实施方案报省级发展和改革委员会审批，且因下达资金少、招标程序烦琐，一些省份被是所有县（市、区）同步推进还是分县（市、区）推进问题所困扰；二则给项目设备招标、配套资金落实和附属设施建设造成较大难度，如四川2017年下达850万元已执行完成，2018年1月下达250万元因资金过少而无法开标，安徽等中央资金全部到位再启动。综上，建议项目资金由中央财政全额一次性拨付，便于项目设备招标和附属设施建设整体高效推进，同时单列或明确可以在有关植保项目资金中列支监测点运行维护费用，保障后期正常运行。2019年项目安排，建议中央资金先补齐前两年费用，暂缓安排未开工项目省份后续项目，优先安排农业生产大省，考虑区域的平衡性。

4.3 建议项目省级组织实施

本期病虫疫情监测分中心（省级）田间监测点项目明确要求，由省级农业部门植保植检机构统一申报和组织实施，监测点所在县级植保植检机构为参与建设单位。2017年和2018年各有3个省份由省级发展和改革委员会（如江西）或农业厅（如内蒙古、湖北）提出项目由县级实施，理由是分县实施便于"谁审批、谁监管，谁主管、谁监管"，调动基层工作积极性，但大大增加了项目整体推进难度。一是项目资金专款专用难度增加，如江西万安等国家级贫困县，项目资金曾被整合到扶贫资金中，更谈不上配套资金落实；二是项目设备采购难度加大，项目分解到各个县（市、区），采购的设备少、金额小，不利于设备厂家参与投标；三是项目审批难度加大，基层发展和改革委员会无审批经验，或对项目内容不清楚，往往持观望态度，实施方案批复拖延，影响项目开工时间。而省级统一实施，设备统一化程度高、整体推进快、节本高效。因此，建议后续项目省级机构担当起主体责任，省级规划、省级申报、省级实施。

4.4 加强信息平台顶层设计

内蒙古、河南等少数省份项目正试行建设县级信息系统，目前发现两个突出问题：一是相关物联网设备各自原有平台功能未整合到一个平台上，操作很不方便；二是部分设备未接入县级信息系统，通过县级平台查看不到县域内所有物联网设备情况。多数省级项目目前无系统平台建设内容，不利于全国—省—县的互联互通。因此，建议尽快做好系统平台的顶层设计，制订一个全国平台建设规划，明确组成架构、技术路线和推进步骤，避免造成配置混乱、重复投资、资源浪费，最后难以实现"聚点成网、互联网+"的建设目的。

4.5 加强项目实施培训

按照《中华人民共和国招标投标法》，项目设计、施工、监理以及与工程建设有关的重要设备、材料等的采购必须进行招标。因此项目所用专用设备，希望是经试验示范的生产企业产品，提出的参数多被认为有指向性或倾向性，造成招投标文件被政府采购中心或代理采购机构退回，反复数次，影响执行进度。另外，项目纳入全国投资项目在线审批监管平台（国家重大建设项目库）稽查监管体系，要求定时填报项目执行信息进度，需要项目实施单位相关人员去摸索、熟悉，影响信息的及时填报。加上项目实施环节多、程序复杂，需要协调发展和改革委员会及财政部门，植保人员不擅长，工作起来有难度。因此，建议农业农村部相关部门加强项目建设管理有关法律法规、招标投标程序、财务、档案和设备使用等方面的培训，提高项目建设管理和应用水平。

5 调研效果

本次调研活动受到调研省份和参加专家的一致肯定，一些未调研到的省份也希望能够得到指导。项目先实施省份的专家给调研省份介绍了本省份的招标操作方式和田间监测点建设经验，起到传经送宝的作用，提出的针对性指导意见值得借鉴，专家组成员还对项目实施中遇到的具体问题进行了细致的解答。活动对项目实施起到督促作用，各省份表示要提高建设进度的紧迫感，排出时间表，保质保量及时完成项目建设任务。

（执笔人：姜玉英）

植保大数据平台构建与应用进展

——智能化移动病虫测报工具的研发与应用

大数据已被确定为国家重大战略。建设植保大数据，发挥大数据、人工智能技术在重大病虫害监控中的作用，是保障粮食安全生产的现实需要，更是落实国家乡村振兴战略规划的具体措施。当下，伴随着物联网、移动互联网、智能终端等技术的飞速发展，植保大数据正在驱动重大病虫监控向精准化、智能化转变，植保数据逐渐成为现代农业生产中重要的生产要素。为此，融合植保专业及植保大数据、人工智能等技术，推进植保大数据平台建设发展，着重创新以移动终端/手机为智能载体的植保应用，打造“手机植保、手机种田”新服务具有重要现实意义。

1 建设背景

1.1 建设植保大数据是落实国家重大战略的具体举措

大数据已被确定为国家重大战略。2015年10月，党的十八届五中全会正式提出“实施国家大数据战略，推进数据资源开放共享”。2017年12月8日，习近平总书记在主持中央政治局“实施国家大数据战略”第二次集体学习时强调：“大数据发展日新月异，我们应该审时度势、精心谋划、超前布局、力争主动，深入了解大数据发展现状和趋势及其对经济社会发展的影响，分析我国大数据发展取得的成绩和存在的问题，推动实施国家大数据战略，加快完善数字基础设施，推进数据资源整合和开放共享，保障数据安全，加快建设数字中国，更好服务我国经济社会发展和人民生活改善。”2018年5月26日，习近平总书记在致2018中国国际大数据产业博览会的贺信中强调指出：“中国高度重视大数据发展，我们秉持创新、协调、绿色、开放、共享的发展理念，围绕建设网络强国、数字中国、智慧社会，全面实施国家大数据战略，助力中国经济从高速增长转向高质量发展。”

1.2 建设植保大数据平台是提高重大病虫害监控能力的现实需要

近年来，受气候变化、耕作制度演变等因素影响，我国农作物病虫害监测防控面临新的挑战：一是病虫害重发、多发、频发。发生为害较重的病虫种类，由过去的十几种发展到现在的几十种，病虫害监测压力增大。二是测报技术人员减少。基层植保机构普遍存在人手减少、力量薄弱，测报工作“将来谁来干”的问题。三是监测技术手段落后。尽管近年来我国在自动化监测工具研发和应用上取得了显著进展，但“眼观手查、盘拍棍赶”的现状没有从根本上改变，劳动强度大、监测效率低、数据标准不统一均影响监测准确性。

1.3 建设植保大数据是人工智能技术在植保中应用落地的先决条件

人工智能需要依托大数据来建立其智能。人工智能技术在植保中的应用离不开植保大数据建设，人工智能需要依赖大数据平台和技术来帮助完成深度学习进化。建设植保大数据，可以充分发挥人工智能技术在监测预警、智能预测、信息服务等方面的作用，提高重大病虫害监测预警和防控服务能力。

2 总体思路

针对现有重大病虫害数据获取、分析与服务手段相对落后，突发和大面积病虫害监测预警能力不强等困难和问题，应用多学科协同创新，基于植保大数据与人工智能技术建设“病虫害大数据感知—

病虫害大数据—大数据计算—大数据应用”的植保大数据平台。整体平台按照植保大数据感知层、计算层、应用层3个层次构思，总体思路如图37所示。

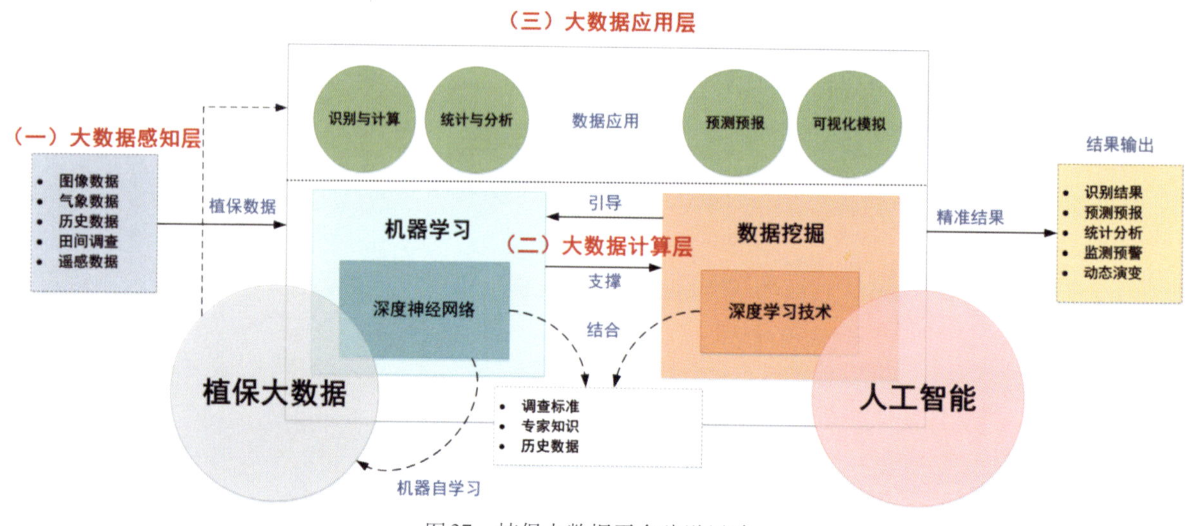

图37 植保大数据平台建设思路

2.1 植保大数据感知层

植保大数据感知层主要作用是完成整个植保大数据平台的病虫害相关信息获取。通过移动终端、固定测报灯、性诱设备、气象站等病虫害感知终端设备及地面人工调查集成，实现对重大病虫害图像数据、地理位置、作物信息、气象数据、田间调查数据等信息的快速获取。

2.2 植保大数据计算层

植保大数据计算层主要完成感知层海量病虫害数据的存储、管理、计算、挖掘与共享。主要包含：基于云计算技术，整合分布在各种类型病虫害中的数据与知识资源；面向植保应用服务内容，基于人工智能技术实现病虫害识别与计算、统计分析、预测等，为整个植保大数据平台提供数据算法、算力支撑。

2.3 植保大数据应用层

植保大数据应用层依据计算层对各类病虫害数据综合计算分析结果，实现重大病虫害监测预警服务，包括病虫害自动识别与分析、重大病虫害统计分析、精准化病虫害预测预报、可视化分析等，为政府部门管理决策和各类市场主体生产经营活动提供更加完善的信息、解决方案和服务，为实现农业现代化提供有力的技术支撑。

3 智能化移动病虫测报工具的研发与应用

创新研制智能化移动病虫害感知工具。针对我国固定式病虫测报装置生产维护成本高、布点不足等问题，集成包括光学传感器、视觉组件、移动终端等多种传感器，研制出智能化移动病虫测报工具，实现对田间重大病虫害信息的便携式、快速智能化获取，填补国内移动病虫害智能测报技术与产品空白。

应用植保大数据构建重大病虫害图像自动识别分析算法引擎框架。基于人工智能技术，突破复杂自然条件下病虫害识别，研发大数据下病虫害智能分析引擎，建立重大病虫害视觉特征可视化分析系统；集成图像、地理位置、气象、作物等先验信息，融合传统田间调查方法、专家先验知识等，基于深度学习技术，创新大样本、离散条件下病虫害发生时空分布及发生规律的数据挖掘方法，构筑新的

病虫害发生的环境及影响评估因子，形成新一代移动式病虫害智能测报技术体系，使重大病虫害监测更轻松、更精准、更高效。

3.1 “智宝”移动病虫害感知终端

“智宝”（ZPro）移动病虫害感知终端是一款专业的移动式病虫害信息获取设备，针对田间病虫害调查的需求，实现了便携、快速、可扩展的整体设计。结合智能终端，“智宝”实现了病虫害数据的获取、处理、识别、分析与上报的一体化。此外，终端还集成精确的农作物微气候传感器，在田间快速调查病虫害的同时，获取作物所在环境的局部气候参数，为重大病虫预测预报建模提供可靠数据支撑。

3.1.1 主要功能

“智宝”移动病虫害感知终端的主要功能有：①支持多种田间调查模式的自由切换；②病虫害高清图像数据快速获取；③病虫害图像的智能识别与等级分析；④病虫害发生地理位置获取；⑤病虫害相关各类数据的上报；⑥高等级的三防智能信息终端；⑦超长智能信息终端待机时间；⑧支持4G无线通信。

3.1.2 组成部分

“智宝”移动病虫害感知终端组成如图38所示，其工作模式如表15所示。

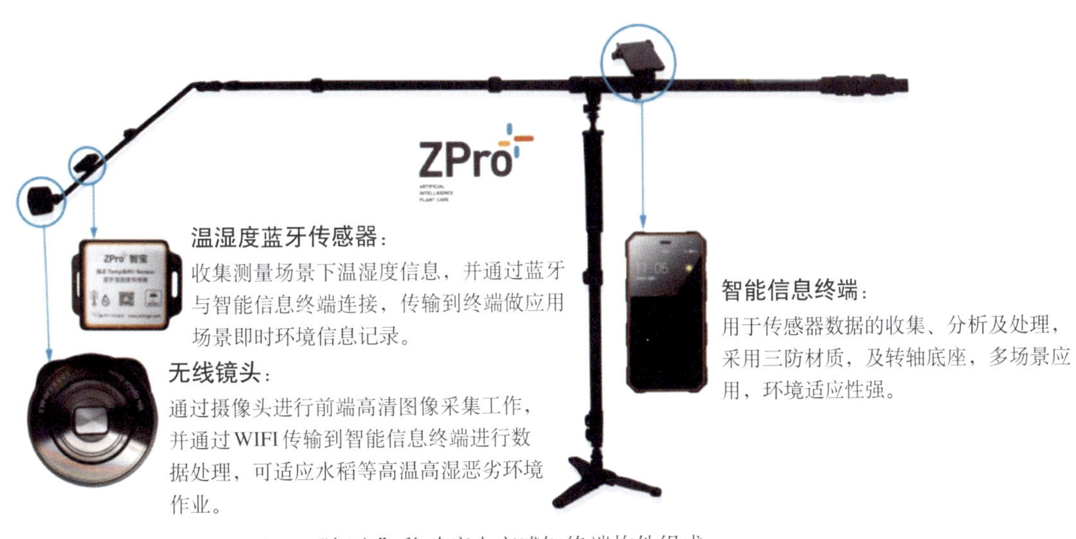

图38 “智宝”移动病虫害感知终端构件组成

表15 不同工作模式对应组成

工作模式	配件组成	适合作物
手持模式	智能信息终端	小麦、玉米、大豆、油菜
微距模式	微距镜头、智能信息终端、温湿度传感器	小麦、水稻
探杆模式	无线镜头、探杆套件、智能信息终端、温湿度传感器	小麦、大豆、油菜、果树
支架模式	无线镜头、探杆套件、智能信息终端、温湿度传感器、支撑架	水稻、果树

注：探杆套件组成包含手持探杆、万向折叠杆、镜头连接座、温湿度传感器固定座、智能信息终端固定架。

3.1.3 技术参数

"智宝"移动病虫害感知终端技术参数如表16所示。

表16 "智宝"移动病虫害感知终端技术参数

项目	技术参数
长度	1 ~ 4m，可调节
重量	620 ~ 820g
主体材质	碳纤维、阳极氧化铝、ABS材料
图像采集	普通拍摄模式 微距拍摄模式 手持拍摄模式 支架拍摄模式
环境采集	地理位置 环境温度 环境湿度

3.1.4 不同模式工作范围

"智宝"移动病虫害感知终端不同模式适应工作范围如表17所示。

表17 不同模式适应工作范围

工作模式	田间病虫调查对象特点
手持模式	使用探杆拍摄不方便，只使用智能信息终端更快捷
微距模式	适合拍摄尺寸极小的病虫害
探杆模式	适合拍摄距离较近的范围
支架模式	适合拍摄距离较远、较高的范围

3.1.5 "智宝"移动病虫害感知终端软件系统

"智宝"移动病虫害感知终端应用软件是一款针对田间重大病虫害智能识别的专业移动应用程序（图39至图41）。终端软件系统可以实现相关重大病虫害的图像、发生位置、发生数量、微环境等数据的实时上报反馈。基于植保大数据与人工智能技术，实现重大病虫害精准识别与分析，只需要拍摄照片，即可快速、精确识别出病虫害类型及数量。此外，针对重大病虫害系统自动识别结果，可进一步对病虫害发生严重程度进行智能分级。

3.2 通用版病虫害识别App——"随识"

通用版病虫害识别App——"随识"（Sensee）主要面向种植大户、家庭农场、合作组织等普通用

图39　病虫害图片数据采集　　图40　病虫害智能调查　　图41　病虫害智能等级识别

户，提供精准、高效、快速、低成本的病虫害识别与诊断服务（图42、图43）。用户随时随地拍照或上传作物病虫害图片即可获得病虫害的种类和相应的初步防治方法，同时可进行信息上报和记录，为重大病虫害监测预警提供大数据支撑与决策。目前该款应用软件支持500余种常见病虫害的自动识别，平均识别率达70%以上，重大病虫害识别精度达80%以上。

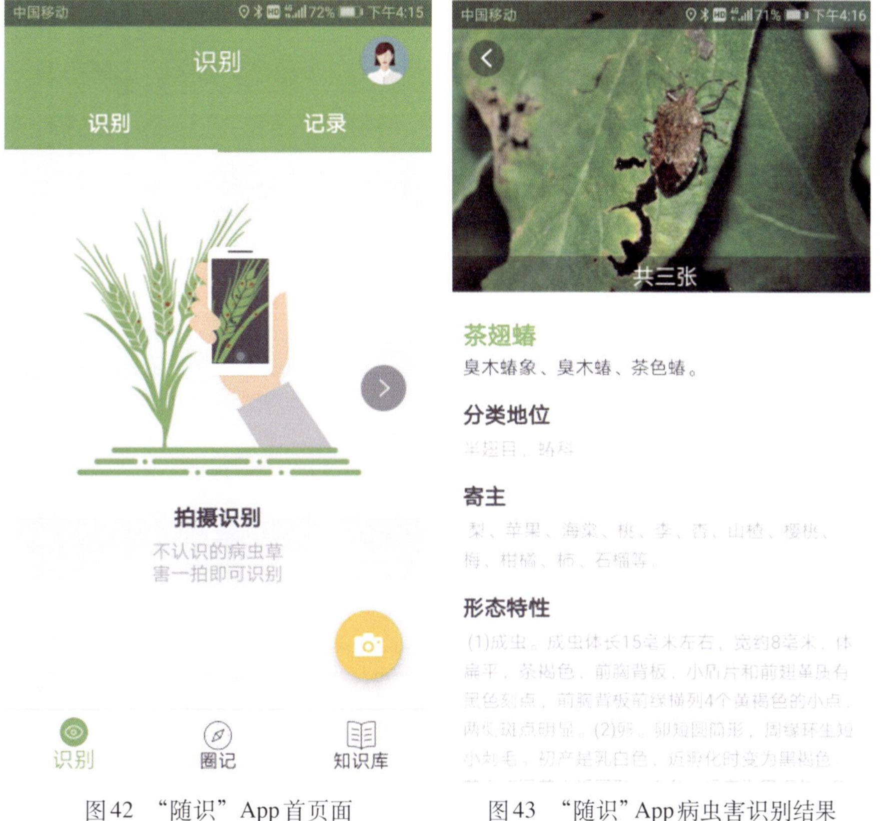

图42　“随识”App首页面　　图43　“随识”App病虫害识别结果

3.3 病虫害图像大数据建设

3.3.1 田间病虫害图像大数据建设

截至2019年5月，共收集田间病虫害图像50万张以上，建立了全国最大的田间病虫害图像数据库及知识库。其中田间重大病虫害图像的人工标记处理量500万张以上，为机器学习算法框架提供大数据支撑。主要包含小麦、水稻、玉米、油菜等主要农作物的常见病害83种，根据不同症状发生部位、时间等细分为104种，共21.3万张图像（部分病害样本如图44所示）；常见虫害213种，根据不同形态成虫、幼虫、若虫细分为363种，共17.3万张图像（部分虫害样本如图45所示）；其他病虫害数据共10万余张。同时构建较为专业的病虫害知识库及知识图谱（部分知识图谱如图46所示），病害知识库信息包括名称、地理分布、发病症状、病原物、侵染循环、发生因素和防治方法等，虫害知识库包括名称、分类地位、地理分布、寄主、为害症状、形态特征、生活习性、发生因素和防治方法等。

图44　田间病害图像样本

图45　田间虫害图像样本

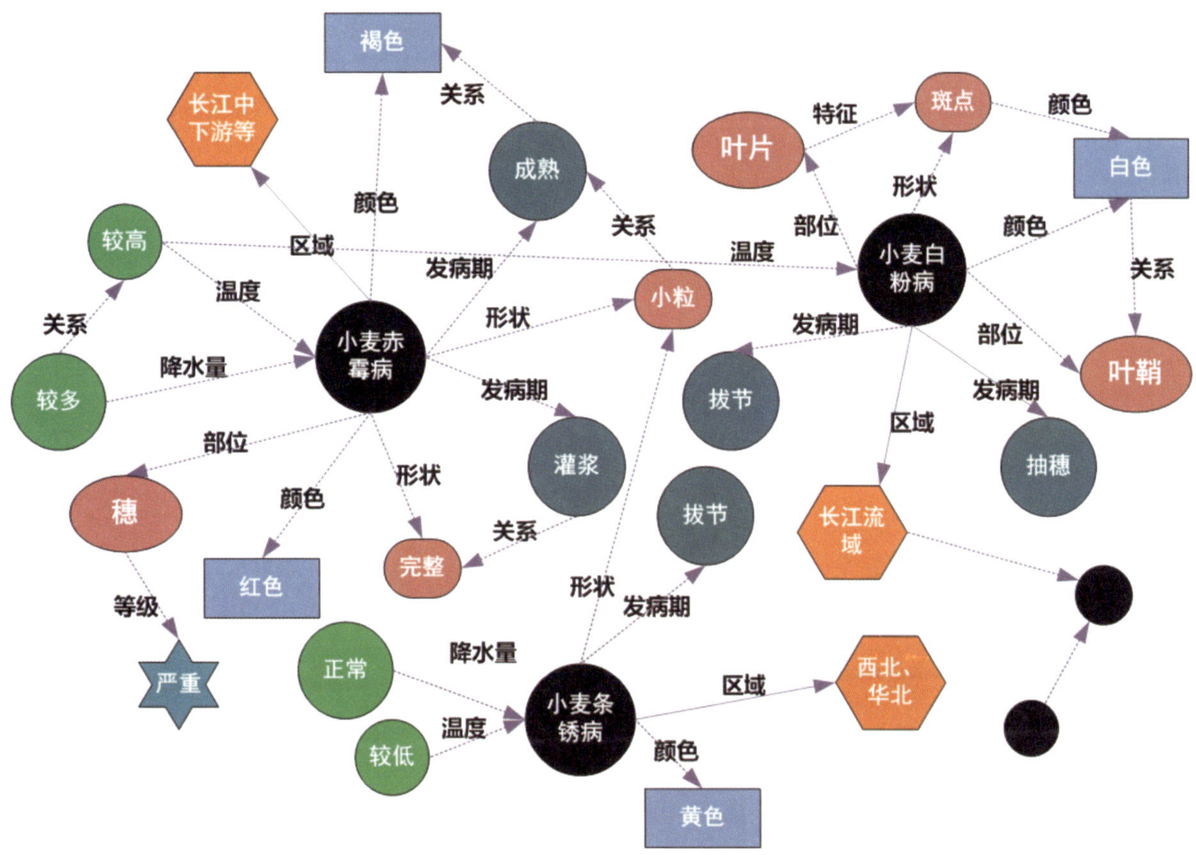

图46　部分病害知识图谱

3.3.2　灯下害虫图像大数据建设

截至2019年5月，在河南、广西、新疆等20余个省（自治区、直辖市）联网的165个站点，实时拍照记录灯下害虫发生数据，建立43种害虫样本库，约20万张图像，灯下害虫图像的人工标记处理量达100万张以上，主要包括稻飞虱、二化螟、棉铃虫、玉米螟、铜绿异丽金龟等。

3.4　重大病虫害图像自动识别分析算法引擎框架

3.4.1　技术路线

基于植保大数据与人工智能技术实现对田间海量重大病虫害图像数据的智能分析、处理与识别，

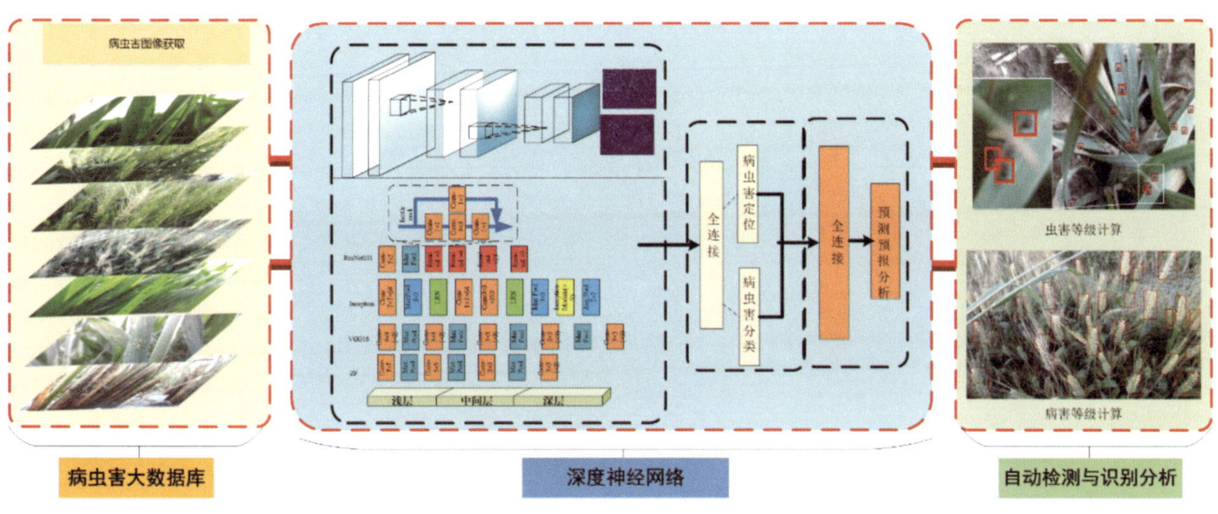

图47　算法引擎整体技术路线

进而提供精准、高效的病虫害监控。整体技术路线：首先，将田间感知的病虫害图像数据进行标注和规范处理，构建大数据图像库；其次，基于深度学习模型，对已有的病虫害数据进行训练学习，建立病虫害识别与分析引擎、病虫害可视化分析与决策引擎；最后，基于分析算法引擎框架给出的病虫害自动分析结果，构建重大病虫害动态监测预警系统平台，为种植大户、植保人员、主管部门等用户提供相应农业病虫害决策防控服务。整体技术路线如图47所示。

3.4.2 田间病虫害图像识别准确率

经测试，目前针对田间重大病虫害，“智宝”移动病虫害感知终端平均识别精度达80%以上。通用版病虫害识别App——“随识”平均识别率达70%以上。

3.4.3 灯下害虫图像识别准确率

经测试，目前灯下害虫识别与计数平均识别率超过80%。

3.5 智能化移动病虫测报系统平台

3.5.1 “智宝”病虫害管理服务云系统

“智宝”病虫害管理服务系统，为植保用户、机构提供一套综合性的病虫害识别、分析、信息收集、大数据挖掘、趋势分析工具。通过可视化的数据分析、统计手段，为用户全面掌握病虫害发生强度、分布给予有效支持，通过历史数据的分析与管理，协助用户预测地区内的病虫害发生趋势。同时，结合气象数据，可以进一步实现病虫害发生的预测预报。

3.5.2 “随识”病虫害智能识别服务系统

“随识”病虫害智能识别服务系统，主要为种植大户、家庭农场、合作组织等提供病虫害识别与诊断服务，也为政府机构提供一套综合性的病虫害信息收集、趋势分析工具。

3.6 智能化移动病虫测报标准建立

基于现行的农业病虫害测报标准和规范，以现代信息技术为手段，建立智能化移动病虫测报统一数据标准和调查规范，推动智能化病虫测报标准化建设。结合智能化移动病虫测报工具的应用示范实际情况，目前已初步完成《农作物病虫害移动智能采集设备（植保智能探杆类）》和《农作物病虫害移动智能采集设备应用技术规范》两个农业行业标准的试行稿；完成小麦、油菜两种作物的智能化病虫测报地方标准申请工作；完成麦蜘蛛、小麦蚜虫、稻飞虱、稻纵卷叶螟4种重大病虫害图片的智能采集与发生级别划分标准试验验证工作。

3.7 应用示范情况

截至2019年初，智能化移动病虫测报工具“智宝”移动病虫害感知终端已经在安徽、河南、湖南、江西等9个省份的33个县（市、区）进行示范推广（图48，表18）。参加或举办9次专题会议和技术培训，培训人员达500人次。

表18 部分示范地点2018年采集病虫害样本数量

序号	省份	县（市、区）	样本图像数量（张）
1	安徽	宣州区、萧县、凤阳县、凤台县、无为县、庐江县、太湖县、繁昌县、太和县、桐城市、池州市、泾县	189 824
2	河南	镇平县、平舆县、杞县	2 509
3	江西	万安县、兴国县	278
4	湖南	洪江市、邵东县	1 921
5	湖北	孝感市、钟祥市	1 120
6	青海	湟中县、乐都区、大通县、贵德县、民和县、循化县	11 448

图48　智能化移动病虫测报工具应用现场

4　小结与下阶段工作计划

田间移动智能终端成为未来植保大数据感知的主要工具。伴随着移动互联网、人工智能等技术的飞速发展，重大病虫害预测预报行业也将面临着从传统模式到新型模式的更迭，未来由传统植保专家向种植大户、合作经营组织等人员田间调查转变，由田间固定病虫监测装置向智能化移动终端转变成为趋势。

植保大数据与人工智能技术的深度融合是实现重大病虫害精准化监测的重要技术手段。结合植保大数据，重大病虫害监测方法与模型将由“点”扩展到“面”，由传统判别、回归分析等机器学习方法到基于大数据的深度学习、强化学习等人工智能方法转变成为技术趋势。同时，结合病虫害发生机理，基于大数据与人工智能技术融合大规模病虫害相关数据，提升重大病虫害监测的及时性、精准度将成为重点。下一阶段，植保大数据建设与应用拟分为3个阶段，逐步建设完善，提高实际应用程度。

第一阶段：到2020年，初步完成植保大数据平台框架搭建，建设完成重大病虫害大数据智能分析计算框架系统，实现重大病虫害数据处理、识别、分析的自动化；实现智能化移动病虫害监测设备20

个省份以上推广应用；固定式灯下害虫监测设备实现图像识别、统计分析自动化；完成基于植保大数据的移动、固定式病虫害精准监测标准建立。

第二阶段：到2021年，完成植保大数据平台框架搭建，初步构建智慧植保国家大数据平台，建设重大病虫害数据监测网络、重大病虫害大数据分析系统、重大病虫害预测预警系统等；实现智能化移动病虫害监测设备全国推广应用，并扩展到果树、林木等经济作物的病虫害应用；完成病虫害移动、固定监测设备智能化升级，实现重大病虫害数据统计分析全自动化。

第三阶段：到2022年，完成智慧植保国家大数据平台搭建，建设“病虫害数据快速获取—病虫害大数据—自动化识别与分析—病虫害精准测报—绿色防控—绿色农业”的全链条智能化植保服务平台；与政府、农资企业有机结合，构建长效稳定的植保服务产业链条。

打造“手机植保、手机种田”新服务。不久的将来，运用植保大数据与人工智能技术，通过便捷的移动终端在田间就能准确地预测预报病虫害发生为害情况。同时，提供防控决策服务，一是确定要不要防治，二是什么时候防治，三是打几遍药效果好，切实减少盲目用药，在精准施药和减少打药的情况下有效控制病虫害。

（执笔人：谢成军、刘万才、陆明红、杨清坡）

黏虫监测技术研究与示范2018年度研究报告

1 研究背景

黏虫是全国农业上最重要的害虫之一，除新疆发生情况不明外，其他各地均有分布。黏虫具有较强的远距离迁飞习性，每年北迁、南回，不同代次在各区域间发生并致使农作物受害，探索各发生区域间的虫源关系，是做好异地预报的重要依据。近年来，随着全球气候变化，我国农作物种植结构、品种布局和耕作栽培制度等农田生态系统变化，以及黏虫自身适应性和致害性变化，黏虫在我国发生为害呈现出一些新的特点并呈加重为害之势，尤其是2012年以来区域性或局部重发、突发频繁，对农业生产造成严重影响。为明确黏虫在新的农田生态系统下迁飞及种群数量变化规律，探索各发生区域间的虫源关系，2014年，在代表区域的17个省（自治区、直辖市）设立了19个高空测报灯观测点，2015—2017年又分别在全国25、24、23个省（自治区、直辖市）28、27、26个县（市、区）设立了35、34、31台高空测报灯。2018年在23个省（自治区、直辖市）23个县（市、区）有26台高空测报灯用于黏虫种群区域动态监测，结合地面黑光灯诱测和人工普查结果，为揭示区域间黏虫发生动态规律、探索区域间虫源相关性以及做好黏虫的准确预报提供了重要依据。

2 材料与方法

2.1 试验工具

高空测报灯为1 000 W卤化物灯，由探照灯、镇流器、漏斗和支架等部件组成，按要求进行安装、使用和管理，用220V交流电源。灯具安装在四周有围墙的观测场内，要求其周边无高大建筑物、强光源干扰和树木遮挡，最好设在楼顶、高台等相对开阔处，且有220V交流电源条件。黑光灯远离高空测报灯，按常规方法设置。

2.2 试验地点

在华南、江南、西南、长江中下游、黄淮、华北、西北、东北等黏虫发生区域的23个省（自治区、直辖市）23个县（市、区）设置了26台高空测报灯（名单见表19）。

2.3 观测方法

根据黏虫发生规律规定观测期，在广西宜州、贵州赫章、四川安州等地进行了全年观测。在观测期内，逐日记载高空测报灯诱集黏虫的雌、雄成虫数量。虫量大时可混合均匀，等分计数，估计总虫数。单日诱虫量出现突增至突减之间的日期，记为发生高峰期。同时观测降水、风力和月光等天气现象的强度，强度均按强、中、弱进行记载。

表19 2014—2018年各观测点月累计诱虫量　　单位：头

序号	地点	年份	1月	2月	3月	4月	5月	6月	7月	8月	9月	10月	11月	12月	合计
1	广西宜州	2015	24	28	639	9	8	19	29	16	91	6	7	23	899
		2016	10	1	18	0	1	1	1	2	3	1	4	20	62
		2017	17	4	8	4	484	7	9	2	5	5	235	63	843
		2018	194	60	272	27	9	30	0	2	537	49	47	109	1 336

（续）

序号	地点	年份	1月	2月	3月	4月	5月	6月	7月	8月	9月	10月	11月	12月	合计
2	广东蕉岭	2015	3	0	3	0					14	3	5	2	30
		2016	0	1	2	1					0	0	0	0	4
		2017	0	3	0	0					7	4	3	3	20
		2018	5	0	0	0									5
3	湖南芷江	2015		10	2	96	229	43			797	45	9	10	1 241
		2016	0	0	1	18					0	0	14	0	33
		2017	0	0	1						0	0	0	0	1
		2018	0	0	1	34	125	2			30	91	5	0	288
4	云南弥勒	2016			0	0	22	37	42	18					161
		2017			3	4	5	20	22						90
		2018			0	0	0	0	0	0					0
5	云南凤庆	2015		27	165	134	57	17	0	0	0				400
		2016		0	1	14	23	13	0	0	0				51
		2017		0	0	7	9	14	12	4	1				47
		2018		0	3	0	0	0	0	0	0	0	0	0	3
6	贵州赫章	2014							324	354	37				715
		2015			22	58	13	76	7	5	2	2	0	13	198
		2016	8	0	39	8	8	90	13	2	4	2	9	24	207
		2017	6	16	180	4	15	45	9	1	2	7	2	2	290
		2018	0	0	3	1	87	272	12	2	10	0	0	2	389
7	重庆丰都	2015			165	294	907	624	339	421	562				3 312
		2016			595	662				479					1 736
		2017			83	735	394	963	425	210	566				2 413
		2018			192	346	373	396	294	169	427				2 171
8	四川安州	2015	0	0	1 319	3 946	336	592	137	79	238	179	11	0	6 837
		2016	0	0	152	55	47	69	19	92	27				461
		2017						1 179	51	100	0	19	3	0	1 352
		2018	0	0	40	87	27	170	0	0	13	0	0	0	337
9	浙江象山	2014		9	22	54				0	2	2			89
		2015		0	130	26	0			1	16	59			232
		2016		0	16	17	2			0	0	0			35
		2017		3	149	37	29	3	5	0	3	5			234
		2018		27	9	2	5	0	0	0	1	2			46

（续）

序号	地点	年份	1月	2月	3月	4月	5月	6月	7月	8月	9月	10月	11月	12月	合计
10	湖北潜江	2015		0	0	0	282	267	341	358	602	112			1 962
		2016			39	122	66	195	6	179	21	20			648
		2017				29	42	31	20	2	16	3			143
		2018			40	17	0	0	0	40	52	0			149
11	上海奉贤	2014		5	9	103				39	13	0			169
		2015		2	21	16	119	5		295	143	43			644
		2016		1	28	33	185	27	20	64	31	3			392
		2017		0	12	11	5	18	28	147	385	13			619
		2018		5	4	0	9	5	5	13	45	0			86
12	安徽凤台	2015			0	3	173	513		128	143	14			974
		2016			2	2	5	10		34	6	0			59
		2017			3	8	99	204	51	116	141	9			631
		2018			0	17	222	306	11	40	388	3			987
13	江苏东台	2014		1	5 177	2 977	46			0	0	0			8 201
		2015		0	2 123	1 376	97			0	389	49			4 034
		2016		0	97	377	46	91	8	3	199	8			829
		2017		1	342	186	21	50	14	271	155	0			1 040
		2018		0	12	0	0	1	0	0	0	0			13
14	河南孟州	2015			0	0	157	672	927	22	269	283			2 330
		2016			0	1	18	279	409	7	0	0			714
		2017				1	23	177	35	98	6	0			340
		2018			0	15	175	387	10	4	4	2			597
15	山西万荣	2014							685	647	69	8			1 409
		2015				66	66	423	432	483	84	13			1 567
		2016				18	29	100	311	207	15	2			682
		2017				11	24	66	381	184	9	0			675
		2018				36	38	208	272	191	18	0			763
16	山东莱州	2014					844	3 176	134	93	72				4 319
		2015					10	2 803	176	104	129				3 222
		2016					43	130	369	201	252	31			1 026
		2017					232	1 386	674	111	129	11			2 543
		2018					32	1 694	52	21	57	3			1 859

（续）

序号	地点	年份	1月	2月	3月	4月	5月	6月	7月	8月	9月	10月	11月	12月	合计
17	山东长岛	2014				3	843	1 596	1 299	588	1 987	179			6 495
		2015				0	196	949	1 255	2 292	53 649	42			58 383
		2016				61	110	1 110	101	164	190	85			1 821
		2017				42	10 044	805	757	10 032	1 798	395			23 873
		2018				3	131	512	18	37	390	44			1 135
18	河北滦县	2014					53	358	4 701	6 522	2 785				14 419
		2015					41	526	16 613	8 972	4 971	33			31 156
		2016					46	154	139	108	35	6			488
		2017					288	160	615	7 789	6 155	12			15 019
		2018					81	1 817	4 529	559	1 158	18			8 162
19	陕西兴平	2017						245	1 007	264	118	40	2		1 676
		2018			9	5	77	67	82	200	29	20	3		492
20	甘肃庄浪	2015					1	203	54	106	21				385
		2016					7	27	6	2	0				42
		2017					0	28	5	12	14				59
		2018					0	8	22	14	1				45
21	辽宁彰武1	2014					0	20	5	3	0				28
		2015					5	88	700	37	853				1 683
		2016				0	2	7	0	1	0				10
		2017				0	0	2	173	55	46				276
		2018				0	17	100	260	9	5				391
22	辽宁彰武2	2015					23	4 412	7 710	125	1 171				13 441
		2016				3	38	118	35	3	7				204
		2017				0	25	93	249	0	49				416
		2018				0	23	1 581	444	7	3				2 058
23	吉林长岭1	2014					0	23	109	2					134
		2015					2	41	167	19	960	45	0		1 234
		2016				0	2	3	6	0	3				14
		2017					0	35	31	400	3				469
		2018				0	33	37	490	2	17	0			579
24	吉林长岭2	2015					0	258	1 845	72	2 671	1 410			4 987
		2016				0	3	15	26	0	0				44
		2017				2	8	43	177	7					237
		2018				0	62	69	5 342	6	30	0			5 509

（续）

序号	地点	年份	1月	2月	3月	4月	5月	6月	7月	8月	9月	10月	11月	12月	合计
25	吉林长岭3	2015				0	17	166	1 008	38	1 551	78	0		2 858
		2016				0	6	16	25	0					47
		2018				0	26	38	1 158	8	10	0			1 240
26	黑龙江双城	2015				0	5	20	891	2	0				918
		2016			0	1	5	6	4	0	0				16
		2017				0	55	48	622						725
		2018					60	78	168	0	115				421

3 观测结果

3.1 越冬黏虫

2018年广西宜州、广东蕉岭、浙江象山、上海奉贤4个观测点1～2月诱到黏虫成虫（表19）。广西宜州诱虫量最多，1月出现16～41头不等的4个峰日，2月上旬出现12头、17头的2个峰日（图49），诱虫量明显高于2015—2017年；广东蕉岭1月诱虫量5头。浙江象山2月诱虫量27头，是历年诱虫量最高的，2月15～20日持续见虫。湖南芷江、云南凤庆（2月）、贵州赫章、四川安州未见诱虫。

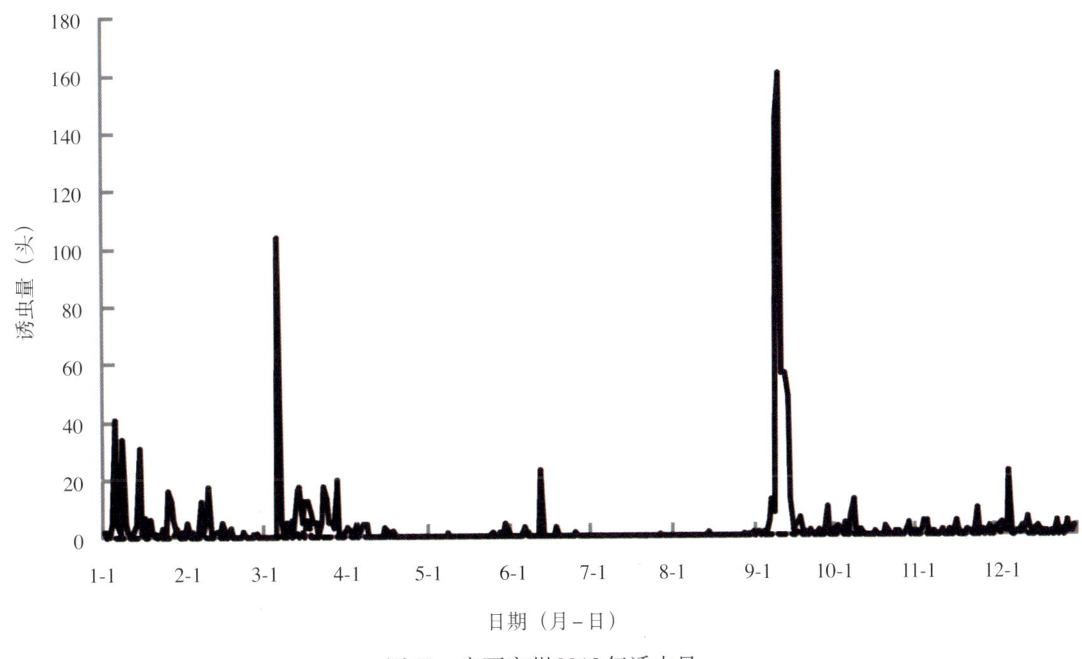

图49　广西宜州2018年诱虫量

3.2 越冬代黏虫

3～4月在华南、江南、长江中下游、西南和黄淮地区的14个站点观测越冬代黏虫成虫，除广东蕉岭和云南弥勒未见虫外，其余点均见诱虫。3月，广西宜州、重庆丰都、四川安州、湖北潜江诱虫量较高。其中，广西宜州3月6日出现104头的峰值，随后持续见虫（图49）；四川安州3月24日最高虫量为10头（图50）；湖北潜江3月25～29日虫量持续较低。4月，云南凤庆未见诱虫，广西宜州诱虫量为27头，明显低于3月；四川安州4月8～14日连续见虫，4月11日诱虫55头，为全年最高诱虫量（图50）；安徽凤台、河南孟州、山西万荣等地开始见虫，山西万荣诱虫量达36头，为诱虫量较高的点（表19）。辽宁彰武（2台灯）、吉林长岭（3台灯）未见诱虫。

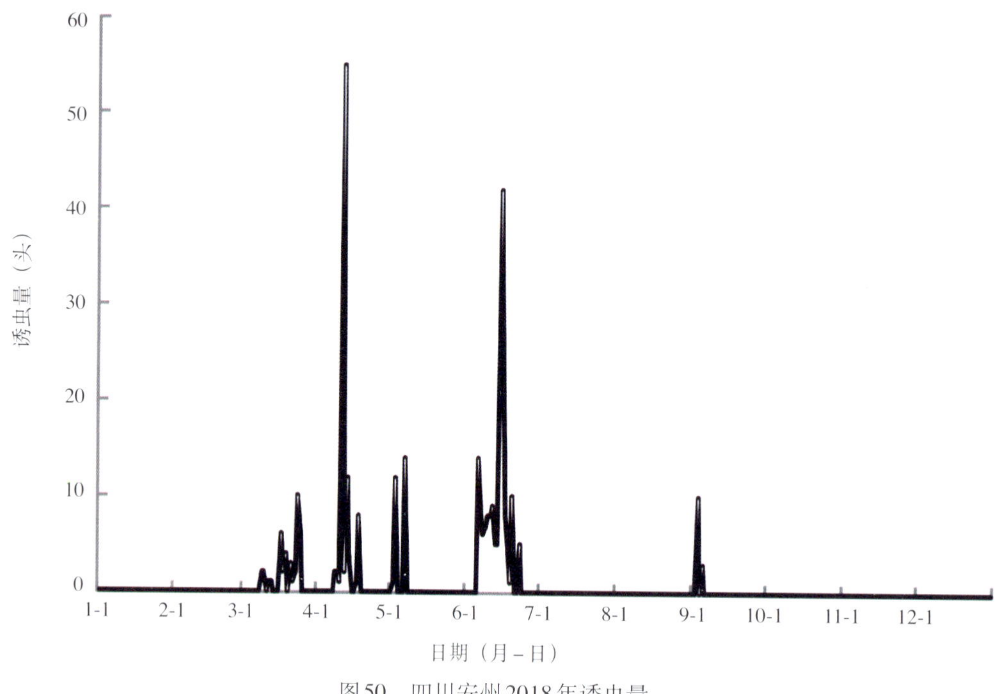

图50 四川安州2018年诱虫量

3.3 一代黏虫

长江中下游、西南、黄淮、华北、西北和东北等地观测到一代黏虫发生，广西宜州和湖南芷江也观测到一定量诱虫，以东北、华北、黄淮等地监测数量为多。安徽凤台5月16日出现42头的峰值，5月28日至6月17日虫量持续盛发，5月28日、6月11日分别出现61头和54头的峰值（图51）。河南孟

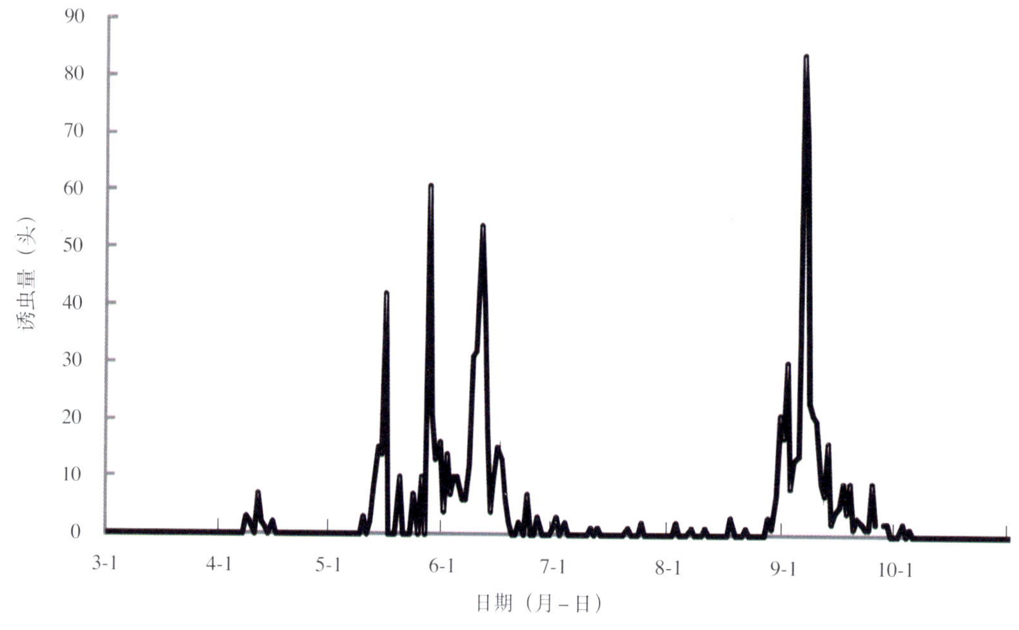

图51 安徽凤台2018年诱虫量

州盛期比安徽凤台晚2d，6月7日峰日虫量达119头。山东长岛5月17日出现48头的峰值，盛发期至6月19日，6月9日达1 282头（图52）。河北滦县5月16日出现28头的独立峰日，6月2～23日出现盛发期，6月10日峰日虫量达500头（图53）。辽宁彰武盛发期出现在6月1～18日，6月6日峰日虫量达1 024头（图54）。吉林长岭和黑龙江双城仅在6月5日和9日分别出现26头和19头的峰值，诱虫量较低。

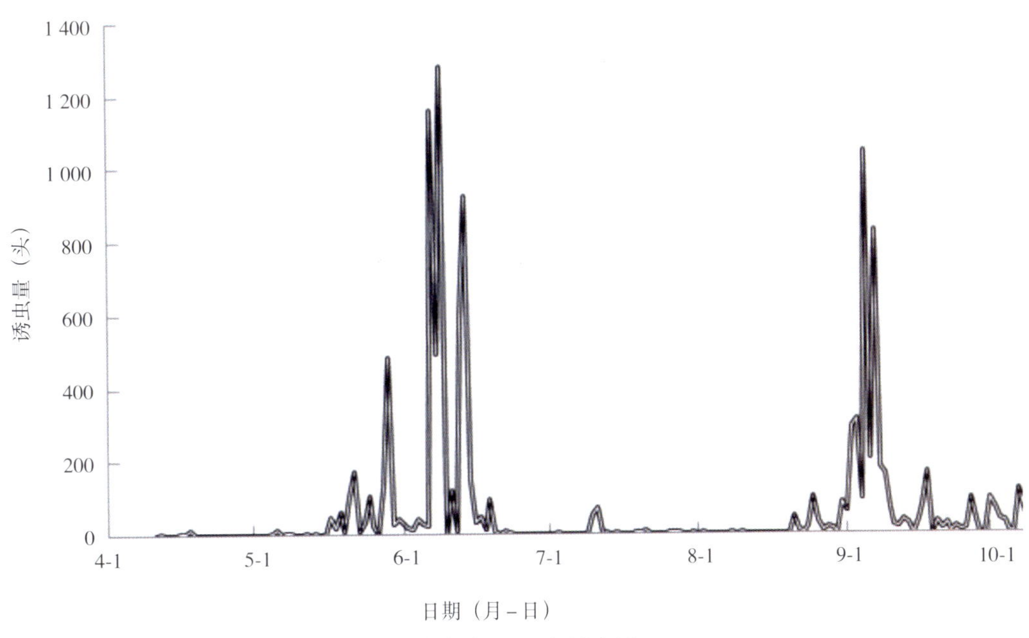

图52　山东长岛2018年诱虫量

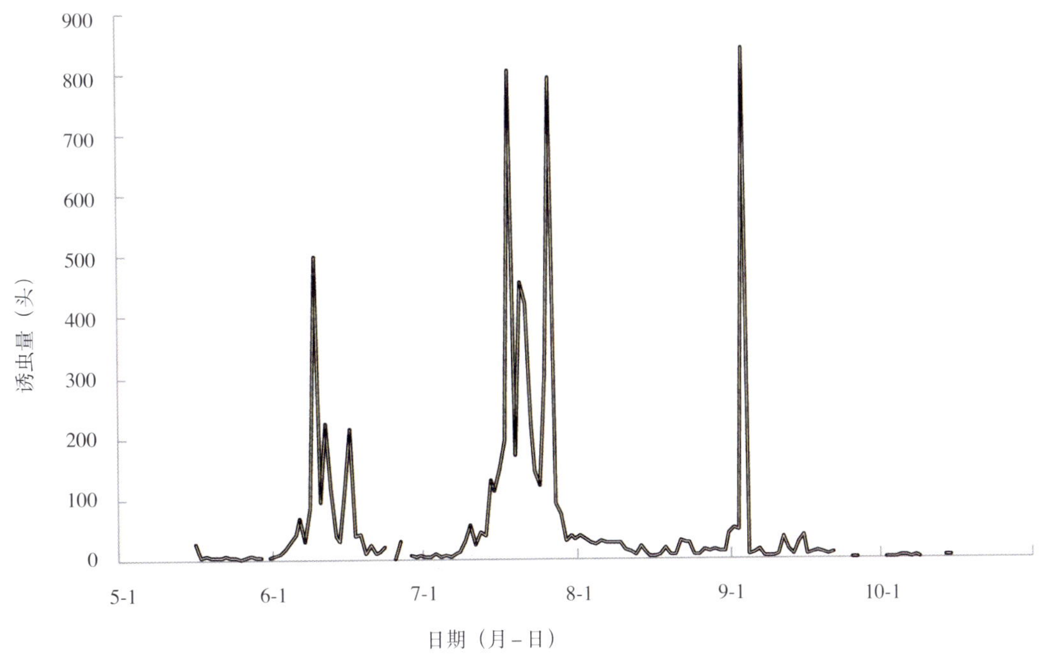

图53　河北滦县2018年诱虫量

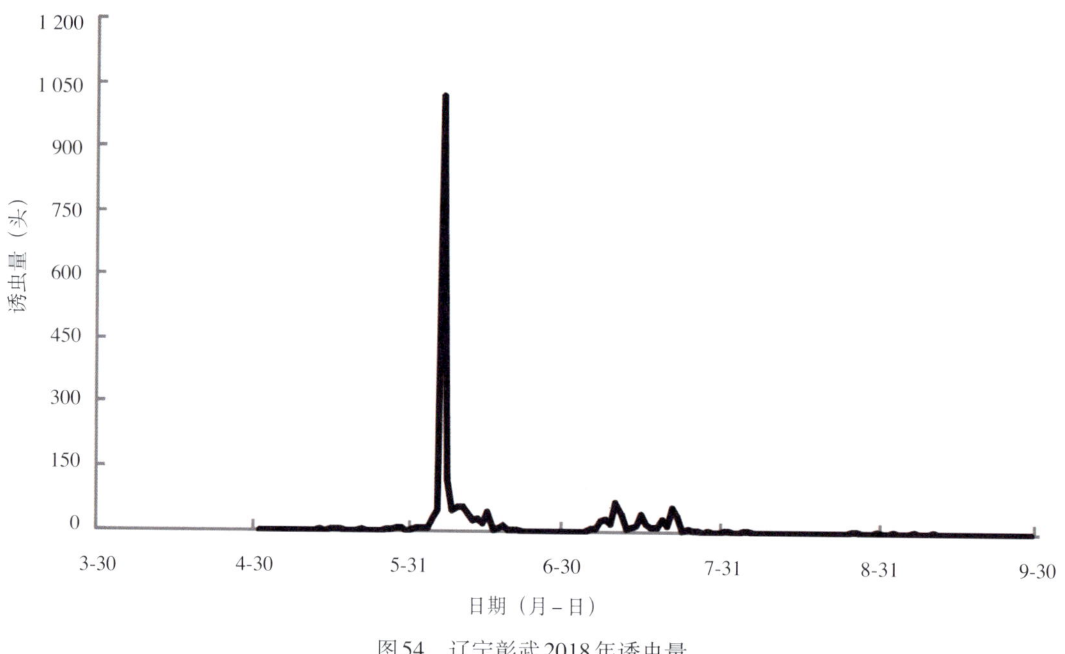

图54　辽宁彰武2018年诱虫量

3.4　二代黏虫

二代黏虫成虫主要发生在华北、东北、黄淮和西南的部分地区，长江中下游及以南地区发生量较少，华北和东北地区虫量较高。山东长岛仅在7月10日、11日诱虫55头、72头，未出现盛发期（图52）。河北滦县盛发期为7月上旬至8月上旬，长达1个月，7月14～26日单日虫量在百头以上，7月18日、26日虫量约800头（图53）。辽宁彰武7月21日诱虫57头（图54）。诱虫量最高的是吉林长岭，盛发期出现在7月8～22日，7月18日诱虫量达2 600头（图55），为2018年各点诱虫量最高值。

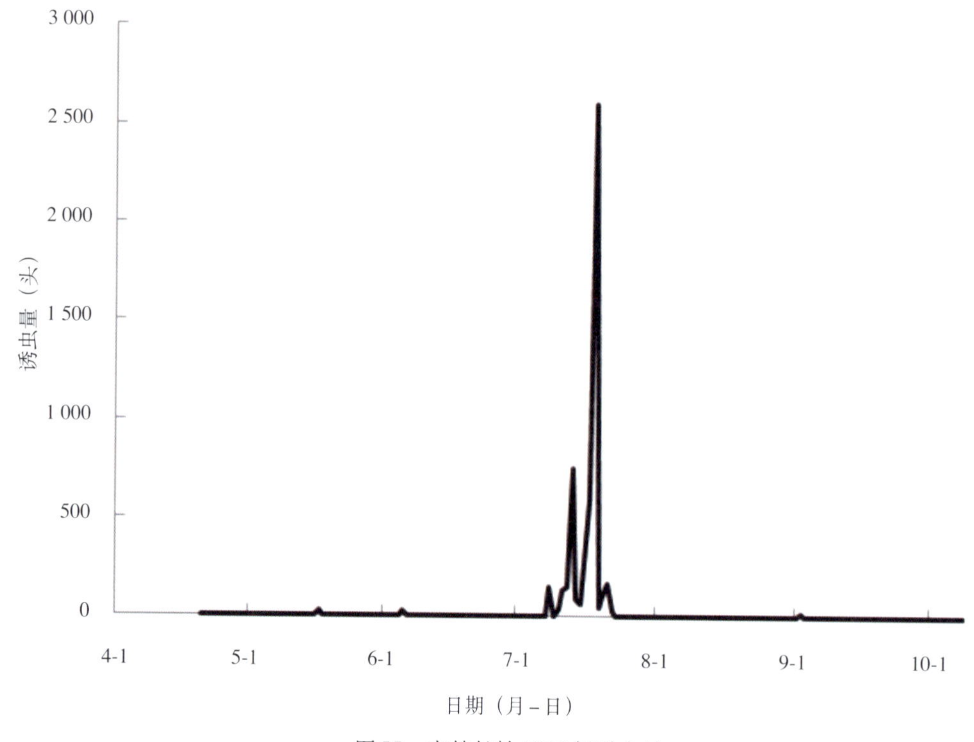

图55　吉林长岭2018年诱虫量

3.5 三代黏虫

三代黏虫成虫在华北、东北、黄淮、长江中下游、西南和华南地区都有发生，黄淮和华北地区虫量最高，发生盛期多出现在8月下旬至9月下旬。山东长岛、河北滦县是盛发期长、诱虫量多的观测点。山东长岛自8月下旬至10月上旬持续发生，9月上旬虫量最高，9月5日达1 045头（图52）；河北滦县9月3日虫量为840头（图53）。东北各点诱虫量低，黑龙江双城和吉林长岭峰日虫量分别为22头和17头（图55）。安徽凤台8月31日至9月13日出现较明显的盛发期，9月6日出现86头的峰值，为全年诱虫量最高值（图51）。上海奉贤仅于9月9日出现29头的峰值，无盛发期。广西宜州9月9 ~ 13日出现盛发期，9月19日诱虫量为160头，为全年最高值（图49）。四川安州9月3日诱虫10头，无盛发期（图50）。

3.6 四代黏虫

广西宜州、湖南芷江、贵州赫章等10月下旬至12月观测到少量四代黏虫成虫，诱虫量高的广西宜州12月1日诱虫量20头，为此代最高值，无明显盛发期（图49）。

4 讨论

2018年是华南地区冬季诱虫量在2015—2018年最高的年份，1 ~ 2月多次出现峰日，越冬虫量偏高。一、二代成虫发生早、峰次多，安徽凤台和河南孟州诱虫量高于2015—2017年，但2015—2017年诱虫量较多的江苏东台3月诱虫极少，4月则未诱到虫。二代成虫在河北滦县继续呈现见蛾早、蛾峰多的特点，吉林长岭（3台灯）诱虫量达2014年来最高。河北滦县二、三代成虫继续表现盛发期长、虫量高的特点，是华北、东北地区虫源交流的重点地区。而广西宜州9月、10月、12月诱虫量为2015年来最高，这为分析发生趋势提供了重要依据。

（执笔人：姜玉英、刘杰、曾娟）

转基因专项课题"农业生态风险监测与控制技术"2018年度总结报告

专题名称：抗虫棉花与抗虫玉米的农田风险区域性监测

1 研究计划

"农业生态风险监测与控制技术"属农业部下达的转基因生物新品种培育重大专项课题，由中国农业科学院植物保护研究所主持，全国农业技术推广服务中心承担"抗虫棉花与抗虫玉米的农田风险区域性监测"专题。计划研究内容有：在全国三大棉区开展棉花节肢动物种群系统监测；研发玉米节肢动物监测技术；在黄淮海和东北玉米主产区开展玉米节肢动物系统监测。

2 主要进展

2.1 开展全国三大棉区棉花节肢动物种群系统监测

长江流域、黄河流域、西北内陆三大棉区13个棉花主产省（自治区、直辖市）116个区域站完成了棉铃虫成虫系统调查，70余个区域站完成了棉铃虫、棉蚜、棉叶螨、棉盲蝽和棉红铃虫模式报表填报，积累了种群动态分析的第一手资料，同时为及时掌握虫情发生动态、做好全国预报提供了重要依据。

2.2 开展棉铃虫等迁飞性害虫高空测报灯系统诱测

继续进行迁飞性害虫高空测报灯系统观测，其中，在华南、江南、西南、长江中下游、黄淮、华北、西北和东北地区25个点观测黏虫、17个点观测小地老虎、13个点观测棉铃虫，获取有效数据2.5万个。高空测报灯监测数据为分析迁飞性害虫区域间种群变动规律提供了基础数据，同时是判断全国发生趋势的重要依据。如根据黄淮、华北和西北地区2018年6月中、下旬一代棉铃虫成虫盛发期诱蛾量偏高，气象条件对北方二代棉铃虫发生有利的形势，做出2018年二代棉铃虫预报，即在北方大部分玉米、花生、大豆、蔬菜等作物上偏重发生，在华北和西北地区加重为害，各棉区转*Bt*基因抗虫棉田块偏轻发生，指导各地科学防治棉田外其他作物棉铃虫。

2.3 开展玉米节肢动物监测技术研究

根据近年棉铃虫在全国玉米等非棉花寄主作物上的发生为害呈明显加重趋势，在明确棉铃虫生活习性和发生规律的基础上，提出玉米田棉铃虫调查和预报技术，即：棉铃虫成虫灯诱和性诱技术，卵、幼虫及其天敌系统调查方法，卵、幼虫、越冬蛹大田普查方法，发生期的期距法和有效积温法，发生程度长、中、短期综合分析法。以上玉米田棉铃虫测报技术规范已得到农业行业标准立项，2018年10月31日通过专家审定，目前已报送批稿。标准的制定旨在促进非棉花寄主作物上棉铃虫的有效监测、准确预报、科学防控及其种群区域性治理。

2.4 开展西北地区棉铃虫发生规律研究

内蒙古、宁夏等西北地区东部是棉铃虫偶发区，2017年二至四代棉铃虫在当地多种作物上严重发生，对当地农业安全生产造成较大影响。为研究当地棉铃虫发生为害规律，在两地区配备了诱测灯具

和性诱设备，积累了2017—2018年成虫发生数量数据。田间调查，在宁夏小麦、玉米等多种作物上二至四代棉铃虫都有发生，并初步判断宁夏虫源以外地迁入为主，但不排除当地越冬。棉铃虫在内蒙古玉米、向日葵、设施日光温室多种蔬菜和花卉上有发生，2018年10月，在内蒙古巴彦淖尔、阿拉善盟等西部地区的玉米、向日葵田都查到虫蛹，为继续观测能否安全越冬提供了基础。

2.5 开展棉花主要病虫害监测预报技术培训

2018年8月31日至9月2日，全国农业技术推广服务中心与中国农业科学院植物保护研究所在乌鲁木齐联合举办了棉花主要病虫害监测预报技术培训班。全国棉花主产省（自治区、直辖市）、新疆生产建设兵团及国家棉花产业技术体系新疆综合试验站共150余人参加，来自科研、教学、推广单位和企业的18位专家分别针对棉花病虫害发生规律、自动灯诱和性诱、昆虫雷达及遥感等监测技术和应用工具进行了重点培训，同时还讲授了棉花化学农药减施技术及其认识、农田生态调控、天敌保护与利用、害虫抗药性监测与治理等内容，并现场解答了学员生产中遇到的问题。培训围绕全国农药使用量零增长行动要求和农业绿色发展目标，增加了精准监测、生态调控、绿色防控的理念和技术的培训、宣传，受到基层技术人员的一致肯定。培训班的举办，对提高病虫调查预报质量、增强先进技术示范推广能力、改进防控技术手段等方面有明显促进作用。2018年10月全国农业技术推广服务中心派出专家到内蒙古、河北、山东等地开展棉铃虫越冬基数调查培训和技术指导工作。

3 课题成果

发表论文3篇，《棉铃虫种群调查及测报技术》《种植业结构调整增加棉铃虫的灾变风险》刊登在《应用昆虫学报》2018年第1期，《2017年宁夏棉铃虫发生特点及原因分析》刊登在《中国植保导刊》2018年第4期。制定标准1项，《农作物害虫性诱监测技术规范（夜蛾类）》（NY/T 3253—2018）由农业农村部2018年7月27日发布，于2018年12月1日起实施。

（执笔人：姜玉英、刘杰、曾娟）

跨境跨区域水稻病虫害联动预警防控监测体系子课题2018年度研究报告

根据“华南及西南水稻化肥农药减施技术集成研究与示范”项目总体任务和“药肥精准施用跨境跨区域大数据平台”课题的具体安排，2018年全国农业技术推广服务中心依据项目主持单位下达的研究内容，认真组织落实相关数据采集、产品研发、试验示范等任务。

1 2018年度总体进展情况

项目启动后，子课题组根据项目首席专家的安排部署，制订了详细的子课题实施方案，进一步明确了研究内容、考核目标等。认真开展所承担的数据采集、数据库建设、大数据产品试验示范等研究任务。积极组织相关任务承担单位和人员开展研究和试验、示范工作，项目研究工作总体进展顺利，取得了一定的阶段性进展。

2 项目/课题年度人员及经费投入使用情况

为完成好项目研究任务，子课题组组织全国农业技术推广服务中心、中国科学院合肥智能机械研究所、安徽中科智能感知产业技术研究院有限责任公司和广东、广西、福建、海南、四川、重庆、云南、贵州8个省（自治区、直辖市）省级植保人员和有关试验站点30多人开展数据采集、平台建设、应用软件开发和设备试验、示范等相关研究工作，取得了较好的阶段性成果。

3 2018年度取得的重要进展及成果

3.1 水稻病虫害发生地面数据采集与数据库建设

根据项目建设内容，认真组织全国农作物病虫测报网近400个水稻病虫害测报区域站开展水稻病虫害发生田间和测报灯下诱虫情况的数据采集工作。本年度共积累水稻病虫害地面发生数据近11.62万张表、186.31万个数据。为项目提供自2000年以来的水稻病虫害发生及预测格式数据1 887.72万个，为开展水稻病虫害监控大数据研究奠定了一定基础（表20）。课题参加单位中国科学院合肥智能机械研究所负责和组织，利用专业设备和相机采集水稻病虫害田间发生情况图片数据19 998张（表21）。

表20 水稻病虫害发生结构化数据采集情况

数据种类	病虫种类	数据条数（万张）	数据个数（万个）
历史积累	病害+虫害	106.87	1 887.72
2018年积累	病害+虫害	11.62	186.31

表21 重大病虫害田间发生情况图像数据采集情况

作物	病虫种类	病虫名称	数据量（张）
水稻	病害	水稻纹枯病	2 547
		水稻胡麻斑病	489

（续）

作物	病虫种类	病虫名称	数据量（张）
水稻	病害	稻瘟病（叶瘟）	3 078
		稻瘟病（穗颈瘟）	2 602
		稻曲病	2 112
		水稻细菌性条斑病	2 510
	害虫	稻纵卷叶螟	2 538
		稻飞虱	2 672
		二化螟	1 450

3.2 开展基于大数据技术的病虫害发生数据移动智能采集设备试验、示范

课题参加单位中国科学院合肥智能机械研究所、安徽中科智能感知产业技术研究院有限责任公司，研制了基于大数据技术的农作物病虫害田间发生数据移动智能采集设备——“智宝”第一代产品样机（图56）。2018年组织安徽等6个省份20个站点开展试验、示范，拟通过人工调查与田间病虫害智能终端调查相结合的方式，建立田间常发病虫害图像库，以通过机器自动学习，提高图像自动识别计数准确率，最终实现基于大数据技术的重大病虫害监测预警自动化（图57）。2018年水稻重大病虫害田间发生图像自动识别与分析精度达80%以上。

图56　基于大数据的智能测报工具“智宝”移动采集系统

图57　举办病虫害发生数据智能采集设备田间培训

3.3　初步建立植保大数据应用研发团队

为推动本项目研究建立长效合作机制，促进成果转化和技术应用，切实落实习近平总书记关于实施国家大数据战略的重要论述，2018年10月，农业农村部全国农业技术推广服务中心与中国科学院合肥智能机械研究所、安徽中科智能感知产业技术研究院有限责任公司正式签署了植保大数据建设战略合作协议。三方商定今后将在重大项目联合申报、核心产品研发、通用平台构建、行业标准制定和技术集成示范等方面加强合作。通过加强合作，解决关键技术问题，研发实用产品，促进大数据技术推广应用，让更多的大数据产品在植保领域开花结果，切实提高重大病虫害监测防控能力，推进“手机植保、手机种田”实用化。

3.4　研究成果情况

3.4.1　发表论文

以第一资助基金项目发表论文1篇，已投稿5篇。

（1）《我国农作物现代病虫测报建设进展》（刘万才，黄冲，《植物保护》）。

（2）《基于深度学习的病虫害智能化识别系统》（陈天娇，曾娟，谢成军，等，《中国植保导刊》）。

（3）《基于多尺度卷积神经网络的害虫自动识别与计数》（李瑞，王儒敬，刘万才，等，《农业工程学报》）。

（4）Fusing Multi-scale Context-aware Information Representation into Mobile Vision Approach for Automatic In-field Pest Detection and Recognition（Wang Fangyuan, Wang Rujing, Xie Chengjun, et al.,CVPR 2019）.

（5）A Global Activated Feature Pyramid Network for Tiny Pest Detection in the Wild（Liu Liu, Wang Rujing, Xie Chengjun, et al., CVPR 2019）.

（6）An End-to-End Deep Learning Approach for Large-scale Multi-class Insect Detection and Classification（Liu Liu, Wang Rujing, Xie Chengjun, et al., IEEE access）.

3.4.2 专利申请

完成专利申请材料2份。

（1）基于空间特征和深度特征强化技术的害虫图像定位识别方法（陈天娇，王儒敬，刘浏，谢成军，刘万才，张洁，李瑞，陈红波,董伟，胡海瀛）。

（2）一种基于作物识别级联技术的害虫图像检测方法（陈天娇，王儒敬，王方元，谢成军，刘万才，张洁，李瑞，陈红波，董伟，胡海瀛）。

（执笔人：刘万才、陆明红、谢成军）

2018年中越水稻迁飞性害虫监测与防治合作项目工作总结

1　项目基本情况

水稻迁飞性害虫（稻飞虱、稻纵卷叶螟，简称“两迁”害虫）是为害我国水稻生产的主要害虫，具有远距离跨境迁飞的特性。因此，及时、准确掌握越南等水稻迁飞性害虫虫源国家水稻迁飞性害虫发生和防治动态，对提高我国迁飞性害虫监测预警的早期预见性和综合防控能力意义重大。2018年，农业农村部国际合作司和财务司共批复全国农业技术推广服务中心该项目经费35万元，实际支出35万元，经费执行率为100%。根据项目合作内容，2018年全国农业技术推广服务中心与越南农业与农村发展部植物保护局继续加强沟通、密切合作，加强双边水稻病虫害发生信息及测报防治技术的交流，项目进展顺利，取得了显著成效。

2　2018年开展的主要工作

2.1　制订方案，开展合作

根据中越《中华人民共和国农业部与越南社会主义共和国农业与农村发展部关于开展水稻迁飞性害虫监测治理技术合作协议》内容，2018年3月，全国农业技术推广服务中心与越南农业与农村发展部植物保护局协商，制订了《2018年中越水稻迁飞性害虫防治合作项目工作方案》，为2018年项目的顺利开展奠定了基础。

2.2　开展虫情信息交流

按照项目合作协议，中越双方各4个项目联合监测点继续按照双方制订的“两迁”害虫调查方法定期开展虫情调查，中方5～9月、越方2～6月，每两周按时交流虫情信息1次。在水稻病虫发生的关键时期，加密交流频次，及时掌握病虫发生防控信息，提高项目实施效果。

2.3　采购专用监测设备材料，提升联合监测点监测预警能力

为提升中越两国联合监测点监测预警能力，保障项目取得成效，一方面支持越南植保部门做好病虫害监测工作，援赠越南联合监测点测报专用设备，主要包括虫情测报灯、体视显微镜、南方水稻黑条矮缩病快速检测试剂盒等设备材料，已于6月8日通过口岸交予越方；另一方面加强国内水稻病虫监测与检测工作，尤其加大对2018年流行风险高的南方水稻黑条矮缩病的监测检测力度，避免南方水稻黑条矮缩病重发流行。

2.4　赴越开展调查交流

2018年4月23～28日，全国农业技术推广服务中心组织了以病虫害测报处副处长黄冲为团长的6名专家赴越开展水稻病虫调查交流活动。在此期间，代表团先后访问了越南宁平省植物保护支局、南定省植物保护支局、海防市植物保护支局和国家植物保护局，了解了2018年春季越南水稻迁飞性害虫及其传播病毒病的发生情况；调查了当地田间水稻病虫发生实况，分析了其对我国2018年水稻病虫发生的影响；同时就水稻迁飞性害虫和由稻飞虱传播的南方水稻黑条矮缩病的监测防控技术给越南植保技术人员进行了培训，开展了技术交流和讨论。

2.5 接待越方交流考察团

2018年11月28～30日，全国农业技术推广服务中心在广西召开中越水稻迁飞性害虫监测与防治合作项目2018年度工作总结会，来自越南农业和农村发展部植物保护局阮贵洋副局长等一行5位专家和中方项目人员、有关专家参加了会议。与会人员围绕2018年项目实施进展和2019年项目合作计划进行了深入探讨，并就水稻迁飞性害虫监测防控技术、中国植物保护体系建设与信息化建设等进行了深入交流；期间，越方代表团访问了广西农业科学院，参观了广西农业科学院成果展，了解了广西农业科学院的奋斗历程和发展成就，并与该院植物保护研究所的专家就农作物病虫监测防控技术进行座谈交流；越南代表团还参观了扶绥县渠黎镇渠芦现代农业专业合作社，对合作社的组织架构、运营管理、经营模式，以及农作物病虫害监测与绿色防控技术、专业化统防统治等进行了详细了解。

3 取得的成效

项目实施以来，通过中越双方的共同努力，项目取得了显著的进展和成效，完成了预期成果。

3.1 建立了水稻“两迁”害虫监测与防控合作机制

中越双方通过每年在水稻迁飞性害虫发生关键时期，定期交换迁飞性害虫及其传播的病毒病的发生信息，定期互派专家技术人员实地考察和交流研讨水稻迁飞性害虫发生情况及监测预警与防控技术，建立了水稻“两迁”害虫监测与防控合作机制，为水稻迁飞性害虫及其传播病毒病的早期预警提供了技术指标，为水稻病虫害异地预测提供了理论依据，提高了水稻病虫害发生的早期预见性和防控主动性，实现了中越两国水稻病虫害协同共治，对促进水稻重大病虫害监测预警和防控技术进步，提高综合治理水平，减轻病虫灾害损失和保障粮食丰收具有重要意义。

3.2 掌握了水稻迁飞性害虫跨境往返迁飞为害的发生规律

越南冬春稻区是我国早期“两迁”害虫的主要虫源地，尤其是越南的中部和北部稻区对我国早稻有直接影响。每年3月中旬至4月初，越南中部水稻陆续进入抽穗灌浆期，稻飞虱陆续迁出，而中国从3月中旬开始，在海南、广东、广西等华南早稻区陆续出现迁入峰。研究结果表明，越南中部稻飞虱的发生动态可作为我国稻飞虱迁入期、迁入量和主降区的早期预警指标。4月下旬，稻飞虱陆续迁出越南北部，作为越南水稻生产的第二大稻区，越南北部稻飞虱的迁出范围广、虫量大；与此同时，中国华南、西南和江南南部稻区能监测到单灯单日千头以上稻飞虱同期突增峰，峰期持续时间长，迁入虫量大。因此，越南北部稻飞虱发生动态可作为我国早稻中后期的稻飞虱迁入期、迁入量和主降区的预警指标。9～10月，随着中国长江流域及以南稻区水稻的成熟，伴随西北季风，大量的害虫南迁，又成为越南中北部广大稻区的外来虫源。这一规律的阐明为提高两国水稻迁飞性害虫的监测和治理水平奠定了理论基础。

2018年，全国农业技术推广服务中心根据虫源地越南北部的发生实况，分析预判稻飞虱于5月中旬集中迁入中国，迁入期和迁入量将与2017年接近，华南、江南南部早稻区将偏重发生，西南南部、江南北部、长江中游早稻区将中等发生；稻纵卷叶螟在我国南方稻区将中等发生，广西东北部、广东北部和西南部稻区将偏重发生。这一预测结果与我国实际发生情况一致。

3.3 明确了南方水稻黑条矮缩病随白背飞虱跨境传播为害的大区流行规律

南方水稻黑条矮缩病由近年新发现的一个病毒新种引起，它是由白背飞虱携毒并在中国南方稻区和越南中北部等稻区跨境传播、大范围流行为害的病毒病。每年春季3～4月，受西南季风影响，携毒白背飞虱从越南的中部和北部向中国的华南、江南稻区迁入，携毒白背飞虱通过取食当地稻株，完成传毒和传播为害；5月下旬至6月中、下旬继续北迁至长江中下游和江淮稻区传毒为害；8月下旬开始，受东北季风的影响，白背飞虱由长江中下游等稻区再回迁到越南中北部稻区，携毒白背飞虱又将长江流域和江南等地的毒源带回越南中北部，与当地毒源一起成为越冬毒源，从而完成一个大区的侵染传播循环。这一研究成果为我国近年来快速控制南方水稻黑条矮缩病传播流行发挥了关键作用。

2018年，中方专家代表团赴越期间普及南方水稻黑条矮缩病检测与监测技术，并给越方及时提供南方水稻黑条矮缩病快速检测试剂盒，帮助越南南方水稻黑条矮缩病发生面积减少95%以上，有效减轻我国防控压力；同时我国根据南方水稻黑条矮缩病的流行规律，及时做好中晚稻病毒病的监测预警，防控工作主动性明显增强。

4 下一步合作建议

水稻“两迁”害虫是东南亚国家重要的水稻害虫，具有跨境迁飞的特性，除了越南，泰国、柬埔寨、老挝、缅甸等其他东南亚国家也是我国重要虫源地。建议以中越合作为基础，推广合作经验，扩大合作范围，实施中国—东盟跨境迁飞性害虫与流行性病害联合监测与治理区域合作项目。通过与五国间开展水稻病虫害联合监测预警、绿色防控技术交流培训与示范，提高各国水稻病虫害发生的早期预见性和防治主动性，提高防控水平，对增强我国及该区域国家粮食安全，推动“一带一路”倡议实施具有十分重要的意义。

4.1 建立合作机制，开展技术交流

组织五国召开区域性重大病虫害监测防控技术国际研讨会，并赴东南亚五国调查交流水稻迁飞性害虫及其传播病毒病的发生防控情况、监测预警技术及绿色防控技术研究进展，研究建立水稻病虫害联合监测与防控合作机制，开展病虫害发生与防控信息定期交流。

4.2 加强技术培训，统一技术标准

通过举办联合监测与绿色防控技术培训班，对东南亚五国植保技术人员开展培训，确保采用统一调查监测方法对区域性病虫害开展联合监测。同时，培训现代新型测报工具应用技术及绿色防控技术，减少防治农药使用，促进绿色发展。

4.3 加大资金投入，提高项目实效

通过加大对东南亚五国开展水稻迁飞性害虫及其传播病毒病监测防控工作的资助力度，提高他们项目参与积极性，提升项目实施效果。一是在东南亚五国援建水稻高产、病虫害监测、绿色防控等技术示范区，推动中国的技术和产品“走出去”；二是给项目参与国提供一定金额的资金和物资援助，用于各国开展项目相关工作，并辐射带动周边应用项目研究成果。

（执笔人：陆明红）

2018年中韩水稻迁飞性害虫与病毒病监测合作项目工作总结

1　项目背景

稻飞虱和稻纵卷叶螟是典型的迁飞性害虫，每年在东亚和东南亚水稻种植区往返迁飞为害，中韩两国害虫发生关系密切，加强水稻迁飞性害虫监测治理技术的国际合作，对中韩两国及时掌握稻飞虱、稻纵卷叶螟发生及迁飞动态，提高早期预警能力，增强防控主动性，实现“虫口夺粮”具有重要的现实意义。2018年，在中韩两国农业主管部门的高度重视和支持下，全国农业技术推广服务中心与韩国农村振兴厅继续加强合作，签订了第四期合作协议，项目进展顺利，达到了预期效果。

2　2018年项目开展的主要工作

2.1　开展虫情监测与信息交流

根据项目合作协议，全国农业技术推广服务中心于3月及时安排部署监测任务，其中广东惠阳、广西灵川、福建同安、江西万安、湖南长沙、浙江诸暨植保站（农技中心）6个监测点在5～8月监测褐飞虱、白背飞虱、稻纵卷叶螟的灯下、田间发生数量，且在发生高峰期采集样本2～3次；安徽庐江、江苏姜堰植保站2个监测点在5～6月监测灰飞虱灯下、田间发生数量和发生动态，在发生高峰期采集样本2～3次；江苏姜堰、浙江嘉兴、上海奉贤植保站（农技中心）3个监测点在4～6月监测黏虫性诱虫量发生动态；广东省农业有害生物预警防控中心和江苏姜堰植保站在6月分别监测南方水稻黑条矮缩病和水稻条纹叶枯病的发生情况并采样。为增强项目实施效果，全国农业技术推广服务中心4～8月每周通过电子邮件的方式将中国9个省份10个监测点的数据及时发送给韩国农村振兴厅，提高了两国对水稻迁飞性害虫的早期预见性和综合防控能力。

2.2　签署第四期合作协议

经我国农业农村部和韩国农林渔业部批准，2018年4月16日，全国农业技术推广服务中心和韩国农村振兴厅在北京签署《中韩水稻迁飞性害虫与病毒病监测合作项目协议（2018—2022)》。项目以提高水稻迁飞性害虫与病毒病监测预警能力为目标，在两国迁飞性害虫主要发生区建立观测场，系统开展病虫调查监测，及时交流交换病虫信息；互派专家实地考察病虫发生情况，共同研判病虫发生趋势，加强监测防控技术交流。

2.3　专家互访，联合调查水稻病虫发生与防控情况

2.3.1　韩国专家访华

2018年5月21～26日，以Chae Ui Seok农村指导官为团长的韩国农村振兴厅代表团一行10人来我国开展田间病虫害调查和技术交流活动。根据双方商定的工作方案，全国农业技术推广服务中心安排代表团先后赴浙江省嘉善县、桐乡市，上海市奉贤区，江苏省姜堰区，与当地植保技术人员一起开展水稻迁飞性害虫联合调查交流活动。在此期间，代表团实地调查了灰飞虱、黏虫等病虫害发生基数情况，并采集了灰飞虱样本，现场观摩了嘉善县水稻“两迁”害虫智能测报系统、国家农作物重大病虫监测网桐乡区域站、姜堰区农作物有害生物预警智能观测站，深入交流了近年来水稻迁飞性害虫发生情况、智能测报工具应用进展等内容，圆满完成了此次联合调查交流任务。

2018年7月16～21日，以Roh Hyeong IL指导官为团长的韩国农村振兴厅专家代表团一行7人来我国开展水稻病虫害田间调查和技术交流活动。根据双方商定的工作方案，全国农业技术推广服务中心安排代表团赴广东、湖南两省与当地植保技术人员一起开展水稻迁飞性害虫与病毒病联合调查交流活动。在此期间，代表团访问了广东省农业有害生物预警防控中心，先后赴广东省仁化县，湖南省衡南县、长沙县实地调查水稻迁飞性害虫与病毒病田间发生情况，并采集稻飞虱样本，座谈交流了2018年水稻迁飞性害虫与病毒病发生概况、项目实施情况和水稻迁飞性害虫监测预警技术等内容，圆满完成了此次调查交流任务。

2.3.2 中国专家赴韩

2018年10月29日～11月2日，全国农业技术推广服务中心组团赴韩国进行了为期5d的访问交流和考察调研。代表团由全国农业技术推广服务中心曾娟副处长带队，包括全国农业技术推广服务中心张帅副处长、喻宏斌科长，浙江大学杜永均教授、浙江省植物保护检疫局许渭根科长以及湖南省植保植检站尹丽副科长，共6名同志。代表团走访了韩国农村振兴厅技术支援局、农业科学院、京畿道农业技术院、忠清南道农业技术院、群山市农业技术中心、唐津郡农业技术中心等单位。在此期间，交流总结了双方2018年项目进展情况和下一步合作意向，并就韩国水稻病虫害监测体系与技术应用情况、防治用药情况和推广体系的公众服务功能三个专题进行了实地考察调研。

中韩双方一致认为，近年来，通过实施水稻迁飞性害虫与病毒病监测合作项目，水稻迁飞性害虫发生机制和监测预警技术研究取得了重要进展，在提高水稻迁飞性害虫监测预警能力和早期预见性方面发挥了重要作用。希望本期项目继续加强技术合作和信息交流，推动本期合作在更宽领域、更高层次取得更大成果，为两国水稻生产和植保事业发展做出新贡献。

3 进一步做好中韩合作项目的建议

3.1 加强智能化监测技术合作

近年来，韩国开发应用了害虫性诱捕器，包括稻纵卷叶螟、黏虫、蝽的性诱监测设备；建成了韩国农作物迁飞性害虫高空监测网，开发了基于人工智能的害虫自动识别系统，实现了对高空迁飞性害虫的自动捕获、成像处理、自动识别和数据上报等功能。建议与韩国加强智能化监测技术交流，尤其在新型测报工具的研发应用方面，两国相互学习、相互借鉴，不断提高重大病虫害监测预警的自动化、智能化水平。

3.2 加强迁飞性害虫抗药性监测合作

稻飞虱、稻纵卷叶螟是影响东亚稻区水稻高产、稳产的重要迁飞性害虫，暴发性强、发生代数多、迁飞范围广、为害损失巨大，目前防治这些迁飞性害虫主要还是依靠化学防控。抗药性监测是指导农民科学用药的重要依据，特别是大范围、跨区域监测不同时期的发生种群更有利于掌握抗药性发生动态。在我国成功开展中韩、中越水稻迁飞性害虫发生动态联合监测的基础上，加强害虫抗药性监测合作，有利于交流抗药性发生动态信息，避免单一使用某一类药剂，降低抗药性突然暴发的可能性，是推进农药减量增效的有效措施。

3.3 进一步发挥推广体系的公众服务职能

目前我国正在大力实施乡村振兴战略，韩国推广体系的亲民化公众服务值得借鉴。目前我国农民总体素质不高，与韩国相比更需要专业培训，但在实际中由于基层农业部门资金、人员不足，存在培训与实际需求脱节的现象。农民培训要以政府为引导，以农民为主体，围绕农民需求带动各项技术培训，发挥农民的自我创造和学习能力；构建系统的培训网络，编写易懂实用的教材，结合现代信息技术发展，抓住智能手机、网络课程等技术革新机遇，提高农业生产力。

（执笔人：陆明红）

2018年全国病虫测报工作大事记

1　魏启文书记会见比利时马铃薯晚疫病预警专家

2018年1月18日，比利时埃诺省农业与农业工程中心和孔多塞大学生物系教授、马铃薯晚疫病CARAH预警模型研发者Francois Serneels访问全国农业技术推广服务中心，并开展学术交流活动。魏启文书记亲切接见了Francois教授，并向其介绍了我国马铃薯产业发展现状和马铃薯晚疫病预警防控情况，高度赞赏Francois教授研发的CARAH模型在马铃薯晚疫病预警防控上的重要贡献，希望双方进一步加强合作，将预警技术发扬光大（图58）。Francois教授做了《未来5年CARAH预警系

图58　魏启文书记会见比利时马铃薯晚疫病预警专家

统防治马铃薯晚疫病的前景》的报告，系统介绍了CARAH模型原理和在国内外的应用情况。全国农业技术推广服务中心国际合作处及植保相关处室有关人员与比利时专家就下一步合作意向进行了研讨。

2 农业部种植业管理司副司长杨礼胜调研种植业系统整合需求

2018年2月28日，为推进政务信息系统整合和数据资源共享，按要求加快推进种植业板块业务整合，农业部种植业管理司副司长杨礼胜带队到全国农业技术推广服务中心开展系统整合需求调研（图59）。全国农业技术推广服务中心主任刘天金主持调研座谈会。刘天金强调，系统整合要充分考虑系统专业性、统一性和协调性，提高系统的使用效率和数据共享程度，才能真正达到整合共享的目的，全国农业技术推广服务中心将全力配合农业部种植业管理司做好相关业务支撑和系统整合工作。

图59 农业部种植业管理司副司长杨礼胜调研种植业板块系统整合需求

全国农业技术推广服务中心有关处室向调研组分别汇报了现有植保、土肥、栽培相关信息系统的研发历史、主要功能、运维现状及系统整合业务需求等情况。调研组认真听取了汇报，杨礼胜在听取汇报后，对全国农业技术推广服务中心在农业技术推广信息化方面取得的成效及信息系统整合工作取得的进展给予了充分肯定，希望全国农业技术推广服务中心进一步配合农业部专项工作组和种植业管理司加强调研、明确需求，加快推进种植业板块信息系统整合进程。与会人员围绕系统整合进行了讨论。全国农业技术推广服务中心副主任王福祥，有关处室负责人和技术人员参加了调研和座谈。

3 第40期全国农作物病虫测报技术培训班（西部区）顺利开班

全国农作物病虫测报技术培训班每年分东、西部区两个班分别在南京农业大学和西南大学举办。2018年3月5日，第40期全国农作物病虫测报技术培训班（西部区）在西南大学顺利开班（图60）。来自西部各省份基层全国农作物病虫测报区域站、部分省份植保站和农业部对口扶贫的湘西、鄂西、河北张家口、内蒙古兴安盟等地的62位测报技术人员在西南大学接受为期14d的测报技术培训。

图60　第40期全国农作物病虫测报技术培训班（西部区）在重庆顺利开班

培训班围绕2018年农业部党组的中心工作，聚焦农业绿色发展，系统围绕病虫测报原理与方法、测报标准与应用、新型测报工具使用、现代病虫测报技术等开展重点培训。

全国农业技术推广服务中心党委书记魏启文对办好本期培训班高度重视，提出了明确要求。尤其是培训期间要注意加强教学管理，遵守中央八项规定精神；教师要加强培训需求调研，提高授课内容的针对性和实用性；学员要珍惜机会、立足实际，提高学习效果。

为培养全国农作物病虫测报技术人才，提高测报体系业务水平，自1979年以来，全国农业技术推广服务中心连续40年举办全国农作物病虫测报技术培训班，至2018年已届满40期。3月18～21日，第40期全国农作物病虫测报技术培训班（东部区）在南京农业大学举办，全面总结培训班40年的成绩和经验，分析面临的形势，研讨进一步办好培训班的思路和对策。

4　四十年如一日的坚守　成就病虫测报事业的辉煌

——第40期全国农作物病虫测报技术培训班在南京农业大学举办

2018年3月18～21日，为总结培训成果、交流工作经验、研讨工作思路、提升测报能力，全国农业技术推广服务中心在第40期全国农作物病虫测报技术培训班开班之际，联合承办院校南京农业大学举办了农作物病虫测报培训40周年研讨交流活动（图61）。中国工程院院士、中国农业科学院吴孔明副院长，中国工程院院士、西北农林科技大学康振生教授，全国农业技术推广服务中心党委魏启文书记，中国植物保护学会理事长陈万权研究员，南京农业大学陈发棣副校长，江苏省农业委员会唐明珍副主任，农业部人事劳动司人才工作处牛敏杰副处长，农业部种植业管理司植保植检处王建强调研员，广西壮族自治区农业厅王凯学副厅长等领导和专家应邀出席本次活动开幕式。来自全国各省（自治区、直辖市）植保站的站长、分管站长、测报科长，基层县级植保站的测报技术人员，以及往届杰出学员代表共150多人参加了培训。

自1979年起，全国农业技术推广服务中心联合南京农业大学连续40年举办全国农作物病虫测报技术培训班，为扩大培训范围，2006年又在西南大学开辟了第二个培训基地，每年分东、西部片区同期举办。40年来，该培训班累计为全国病虫测报体系培训了近3 000名专业技术人员，不仅壮大了测报队伍，传播了测报知识，还促进了测报学科的发展，促进了我国病虫测报体系的建设。坚守四十载、历久而弥新，全国农作物病虫测报技术培训班被广泛喻为全国农作物病虫测报的“黄埔”、人才的摇篮。

图61 第40期全国农作物病虫测报技术培训班在南京农业大学举办

全国农业技术推广服务中心领导对这次培训活动高度重视，中心主任刘天金对40年坚持办好一个培训班给予高度评价，并亲笔为《全国农作物病虫测报技术培训40年》纪念册撰写寄语，党委书记魏启文主持活动开幕式并讲话（图62）。魏启文在讲话中，充分肯定了40年来全国农作物病虫测报技术培训班的成绩和社会影响，分析了新时代病虫测报工作面临的新要求。他强调，要努力在拓展测报服务领域上展现新作为，在推动智慧测报上实现新跨越，在强化科技支撑上取得新突破，在促进国际合作交流上斩获新成果，在加强人才队伍建设上开创新局面，全面提高农作物病虫监测预警能力，为促进种植业质量提升和实施乡村振兴战略做出更大的贡献。

农业部人事劳动司人才工作处牛敏杰副处长肯定了农作物病虫测报技术培训班坚持40年举办所取得的巨大成绩。他指出，这个培训班的坚持举办，有力带动了全国各地农业植保技术人才培养，发挥了有效的示范引领作用。牛敏杰还强调，农业部正坚定不移地实施人才强农战略，深入推进农业农村人才发展体制改革。农业部种植业管理司植保植检处王建强调研员指出，40年来，测报班从无到有，植保体系从弱到强，彰显出植保事业力求“有害无灾”的决心。未来将依托“互联网+”技术，稳步推进植保体系信息化建设，并简化优化测报方法、提升监测技术，减轻测报人员劳动强度。广西壮族自治区农业厅王凯学副厅长作为学员代表发言，他分享了培训班的学习经历给他带来的新理念、新思想、新思维，让他坚信农业可以成为令人羡慕的职业。他希望历经40年风雨的培训班，能够抓住机遇、不忘初心，加强课程设计，严格教学管理，强化实操训练，未来取得更大成绩。

中国工程院吴孔明院士应邀作了《重大迁飞性害虫的成虫监控技术与策略》的报告，吴孔明院士团队通过近20年来的观测研究，运用昆虫雷达、高空灯、地面灯、花粉标记等技术，基本摸清了主要迁飞害虫的迁飞规律和生物学特性，并提出了迁飞成虫监控思路与防控关键技术。

中国工程院康振生院士应邀作了《植物病害精准测报与绿色防控》的报告，他以小麦条锈病为例重点讲授了作物病虫精准测报与绿色防控技术，详细讲解了小麦条锈病的发生、流行规律和防控措施，提出了加强农作物病虫害监测预报工作的建议，避免过度依赖化学农药，实现农药零增长与绿色防控。

全国农业技术推广服务中心病虫害测报处处长刘万才推广研究员作了《现代病虫测报建设进展与发展思路》的专题报告，从统计数据的角度，全面分析了植保工作的贡献，总结了近年来现代病虫测报建设取得的成绩，分析了面临的形势任务，并汇报了下一步的工作思路和重点，受到了学员们的普遍好评。

此外，本次培训班重点培训了作物病毒病检测与预警技术等，使学员在掌握传统测报知识的同时，对植保信息化、新型测报工具应用等现代测报技术也加深了了解。

参加培训的各位学员一致反映，这次培训班组织周密、内容丰富，既有高水平的院士报告、专家讲座，又有接地气的实操技术、经验分享，学到了知识，开阔了眼界，对于梳理工作思路、推进工作开展具有极大的指导和借鉴作用；希望全国农业技术推广服务中心今后多组织类似的培训活动，发挥示范引领作用，带动全国植保体系加强业务培训，提升业务素质，为促进农作物病虫测报事业健康发展做出新的贡献。

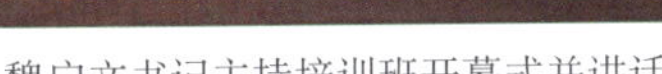
魏启文书记主持培训班开幕式并讲话

领导讲话

吴孔明院士和康振生院士作报告

刘万才处长和陈万权理事长作报告

学员代表王凯学分享学习收获

图62　第40期全国农作物病虫测报技术培训班领导专家作报告

5 推进新型测报工具应用 为提升重大病虫害监测预警能力助力

——全国新型测报工具应用交流与动植物保护能力提升工程建设调度会在南京召开

2018年3月21日，为加强新型测报工具推广和应用技术交流，安排部署动植物保护能力提升工程建设调度工作，全国农业技术推广服务中心在江苏省南京市顺利召开了全国新型测报工具应用交流与动植物保护能力提升工程建设调度会，来自全国各省（自治区、直辖市）植保（植检、农技）站（局、中心）的分管领导和测报科长共计50人参加了会议（图63）。与会代表深入交流当前新型测报工具试验示范和推广应用现状，以及动植物保护能力提升工程建设项目推进情况，共商新形势下测报工具发展良策，为全面提升动植物保护能力添砖加瓦。

图63 全国新型测报工具应用交流与动植物保护能力提升工程建设调度会在南京召开

会议代表一致认为研发推广应用新型测报工具是病虫测报大势所趋。近年来新型测报工具研发应用取得了明显突破，重大害虫自动性诱监测设备、马铃薯晚疫病实时监测预警系统等新型测报工具已在生产上发挥了重要作用。针对生产上重大病虫种类多、发生规律复杂等特点，还需要在增加病虫监测种类、提高监测预警准确率、增强设备稳定性等方面加大研发力度，加快推广应用。

农业部种植业管理司植保植检处王建强调研员参加了会议，系统解读了动植物保护能力提升工程内容，并对2017—2018年投资建设的调度工作做了安排，就各省（自治区、直辖市）建设过程中遇到的问题进行了重点解答，进一步明确了项目实施主体，理清了建设思路，为加快推进动植物保护能力提升工程建设指明了方向，添足了马力。

6 准确研判趋势 科学指导防控

——2018年全国小麦病虫害及夏蝗发生趋势会商会在西安召开

为准确分析2018年我国小麦中后期病虫害和东亚飞蝗夏蝗发生趋势，科学指导防控工作，4月9～10日，全国农业技术推广服务中心在陕西省西安市召开了2018年全国小麦病虫害及夏蝗发生趋势会商会（图64）。来自全国22个省（自治区、直辖市）植保（植检、农技）站（局、中心）的小麦

图64　2018年全国小麦病虫害及夏蝗发生趋势会商会在西安召开

病虫害和蝗虫测报技术人员以及有关科研、教学单位专家共50人参加了会议。中国农业大学马占鸿教授、陕西省植保总站副站长袁冬贞等专家围绕小麦重大病虫害和东亚飞蝗预测预报技术作了大会报告并参加了趋势会商。

会议根据小麦重大病虫害及东亚飞蝗的发生基数、品种布局、耕作制度及未来天气趋势等因素综合分析，预计2018年全国小麦病虫害发生程度总体重于常年，穗期病虫呈重发态势，小麦赤霉病偏重以上流行，穗期蚜虫大发生态势明显，小麦条锈病在汉水流域等麦区偏重发生。东亚飞蝗夏蝗在环渤海湾、华北湖库和黄河滩区等蝗区总体中等发生，局部地区会出现蝗蝻高密度点片。

会议对小麦中后期病虫害及东亚飞蝗夏蝗监测预报进行了部署，强调2018年春季天气和小麦生长情况复杂，中后期病虫害监测预警任务重，各地要高度重视，以认真负责的态度扎实做好各项工作，保障夏粮丰收。一是要加强监测预警，做好发生防控信息调度，及时发布预警，全力做好2018年赤霉病、穗期蚜虫、条锈病等小麦重大病虫害和东亚飞蝗夏蝗的监测预报工作。二是要加强宣传发动，充分利用现代信息传播手段，多渠道发布病虫情报信息，提高情报信息到位率。三是要加强测报技术研究，积极开展新型测报工具试验示范和相关技术研究工作，促进测报技术水平提高。

7　中韩签署水稻迁飞性害虫与病毒病监测项目第四期合作协议

经我国农业农村部和韩国农林渔业部批准，2018年4月16日，全国农业技术推广服务中心和韩国农村振兴厅在北京签署《中韩水稻迁飞性害虫与病毒病监测合作项目协议（2018—2022）》（图65）。项目以提高水稻迁飞性害虫与病毒病监测预警能力为目标，在两国迁飞性害虫主要发生区建立观测场，系统开展病虫调查监测，及时交流交换病虫信息；互派专家实地考察病虫发生情况，共同研判病虫发生趋势，加强监测防控技术交流。

稻米是亚洲国家特别是中韩两国人民重要的口粮，水稻的稳定生产对于保障该地区粮食安全和满足人们粮食消费习惯具有重要意义。稻飞虱、稻纵卷叶螟、黏虫和病毒病是中韩两国水稻生产中严重的病虫害，暴发频率高，造成损失大，对两国水稻生产安全构成威胁；稻飞虱、稻纵卷叶螟、黏虫都是典型的迁飞性害虫，每年随东亚季风在东亚和东南亚水稻种植区往返迁飞为害，中韩两国是这类害虫迁飞为害严重的国家，双方互为虫源地，发生关系密切；由稻飞虱携带毒源传播的水稻条纹叶枯病和黑条矮缩病具有暴发流行的特点，对水稻生产安全威胁极大。中韩两国间开展水稻迁飞性害虫与病

图65　中韩签署水稻迁飞性害虫与病毒病监测项目第四期合作协议

毒病监测治理技术合作，对于及时、准确掌握迁飞性害虫的发生动态，加强毒源监测和病害流行规律研究，增强病虫害发生流行的早期预见性，提高防控工作的主动性，保障水稻生产安全具有重要作用。中韩水稻迁飞性害虫与病毒病监测合作项目始于2001年，双方将认真总结前三期合作的经验和做法，积极用好合作成果，推动新一轮合作在更宽领域、更高层次取得更大成果，为两国水稻生产和植保事业发展做出新贡献。

签约前，全国农业技术推广服务中心主任刘天金、党委书记魏启文会见了韩国农村振兴厅农村支援局局长金庠南一行，双方回顾总结了前期合作成果，交流研讨了新一轮合作机制（图66）。

图66　全国农业技术推广服务中心主任刘天金、党委书记魏启文与韩方会谈

8 推进智能采集设备试验示范 助力测报工具智能化

——全国农业技术推广服务中心组织开展病虫害智能采集设备研发应用考察交流活动

2018年5月4日，为推动农作物病虫害移动智能设备推广应用，促进病虫测报智能化、信息化发展，进一步提升重大病虫害监测预警能力，全国农业技术推广服务中心与中国科学院合肥智能机械研究所在安徽省合肥市联合开展了病虫害智能采集设备研发应用考察交流活动（图67）。来自河北、山西、内蒙古等14个省（自治区、直辖市）植保（植检）站（局）的测报科长及基层测报技术骨干共30多人参加了交流活动。

图67 全国农业技术推广服务中心组织开展病虫害智能采集设备研发应用考察交流活动

本次活动特邀中国科学院合肥智能机械研究所有关专家报告了深度学习技术在病虫测报中的应用，组织参加活动的人员在田间现场开展了移动智能采集设备操作方法和应用技术培训。参加活动的代表表示，研发推广应用新型智能测报工具是现代病虫测报大势所趋，是现代病虫测报的发展方向。移动智能采集设备在田间可实现植保病、虫、草发生数据采集、识别、计数的自动化和移动化，必将为增强重大病虫害的监测预警能力提供极大的便利。

参加活动的代表认为，大数据、人工智能技术正在兴起，为测报工具智能化创造了前所未有的机遇，全国测报体系要加强科研攻关，将植保体系的业务经验、工作需求与科研单位技术实力紧密结合，提高智能设备的实用性，加快智能采集设备的推广应用，推进重大病虫害监测预警智能化。

9 分析研判早稻病虫发生趋势 科学指导病虫防控

——2018年全国早稻病虫害发生趋势会商会在南宁召开

为分析研判2018年早稻病虫害发生趋势，科学指导防控工作，2018年5月10～11日，全国农业技术推广服务中心在广西壮族自治区南宁市组织召开了2018年全国早稻病虫害发生趋势会商会（图68）。来自南方16个水稻主产省（自治区、直辖市）和部分基层植保站的测报技术人员，以及科研、教学单位的专家共计50人参加了会议。

图68 2018年全国早稻病虫害发生趋势会商会在南宁召开

会议总结交流了2018年早稻前期病虫发生概况，实地调查观摩了广西壮族自治区横县早稻生长及病虫发生情况，并结合当前病虫发生基数、病虫抗药性、水稻栽培情况和气候条件等因素对下阶段发生趋势作出了综合预判。预计2018年早稻病虫害总体呈偏重发生态势，其中稻飞虱在华南、江南南部稻区偏重发生，稻纵卷叶螟在南方稻区总体中等发生，二化螟在江南稻区偏重发生，水稻纹枯病在大部分早稻区偏重发生，稻瘟病总体中等发生，南方水稻黑条矮缩病在华南和江南稻区发生呈回升态势。

会议研讨落实了2018年水稻病虫害新型测报工具试验和中韩水稻迁飞性害虫与病毒病监测合作项目调查研究任务，并安排部署了2018年水稻病虫监测预警工作。会议强调，虽然2018年早稻前期病虫发生相对平稳，但各地需保持高度警惕，扎实做好各项工作。一是加强监测预警，及时调度水稻病虫发生防控信息，全力做好水稻病虫监测预报工作。二是要加强测报技术研究，认真做好中韩水稻迁飞性害虫与病毒病监测合作项目、中越水稻迁飞性害虫监测与防治合作项目等相关技术研究工作，切实提高水稻重大病虫害测报技术水平。三是积极开展新型测报工具试验示范工作，认真总结改进，促进技术熟化，不断提高农作物重大病虫害监测预警能力。

10 韩国代表团赴苏浙沪开展水稻迁飞性害虫联合调查交流活动

2018年5月21～26日，根据中韩水稻迁飞性害虫与病毒病监测合作项目协议，以Chae Ui Seok农村指导官为团长的韩国农村振兴厅代表团一行10人来我国开展田间病虫害调查和技术交流活动。根据双方商定的工作方案，全国农业技术推广服务中心安排代表团先后赴浙江省嘉善县、桐乡市，上海市奉贤区，江苏省姜堰区，与当地植保技术人员一起开展水稻迁飞性害虫联合调查交流活动（图69）。在此期间，代表团实地调查了灰飞虱、黏虫等病虫害发生基数情况，并采集灰飞虱样本，现场观摩了嘉善县水稻“两迁”害虫智能测报系统、国家农作物重大病虫监测网桐乡区域站、姜堰区农作物有害生物预警智能观测站，深入交流了近年来水稻迁飞性害虫发生情况、智能测报工具应用进展等内容，圆满完成了此次联合调查交流任务。双方一致认为，近年来通过实施水稻迁飞性害虫与病毒病监测合作项目，水稻迁飞性害虫发生机制和监测预警技术研究取得了重要进展，希望今后继续加强技术合作和信息交流，全面提高水稻迁飞性害虫监测预警和防控治理能力，为保障两国水稻生产安全和粮食丰收做出更大贡献。

图69 韩国代表团赴苏浙沪开展水稻迁飞性害虫联合调查交流活动

11　加快新型测报工具推广应用　助力植保能力提升

——新型测报工具应用技术培训班在巴彦淖尔市杭锦后旗举办

为培训新型智能测报工具应用技术，加快动植物保护能力提升工程实施，推进农业绿色发展，2018年6月26～27日，全国农业技术推广服务中心在内蒙古自治区巴彦淖尔市杭锦后旗举办了新型测报工具应用技术培训班（图70）。来自全国各省（自治区、直辖市）植保机构的主要领导和测报科长共计50人参加了培训。中国农业科学院副院长、中国工程院吴孔明院士，中国农业大学张龙教授，浙江大学杜永均教授等专家讲授了以农业绿色发展为导向的病虫害监测预警和绿色防控及新型智能测报工具应用技术。全国农业技术推广服务中心主任刘天金、党委副书记刘信、副主任王福祥、内蒙古自治区农牧业厅副厅长王国林等领导出席了现场观摩活动（图71）。

图70　新型测报工具应用技术培训班在巴彦淖尔市杭锦后旗举办

图71 全国农业技术推广服务中心主任刘天金、副主任王福祥等领导出席了现场观摩活动

本次培训班以现场教学和室内培训相结合的形式开展。培训班学员现场观摩了四级联创国家现代病虫测报示范园，直观了解了全国农作物重大病虫害测报网杭锦后旗测报观测场和性诱测报园内的新型智能测报工具，实地学习了农作物重大病虫害实时监控物联网ATCSP、农作物病害实时预警系统、重大害虫性诱实时预警系统、马铃薯晚疫病实时预警系统、蝗虫自动监测设备等应用技术。

参加培训班的学员一致认为，此次培训班提供了可复制、可推广的现代病虫测报示范园建设的经验和做法，有很强的针对性和指导性，对于实施好动植物保护能力提升工程项目、推进农业绿色发展起到了积极作用，培训达到了预期目的。

培训期间，2017年和2018年动植物保护能力提升工程项目的实施情况被进行了调度。

12 中晚稻病虫害总体中等发生 蝗虫在局部地区仍可能出现高密度点片

——全国农业技术推广服务中心组织召开2018年全国中晚稻病虫害和秋蝗发生趋势会商会

为分析会商中晚稻病虫害和秋蝗发生趋势，科学指导病虫防控，2018年7月10～11日，全国农业技术推广服务中心在吉林省松原市组织召开2018年全国中晚稻病虫害和秋蝗发生趋势会商会（图72）。来自全国25个省（自治区、直辖市）水稻产区和蝗虫发生区的测报技术人员，以及南京农业大学、南京信息工程大学、国家气象中心等教学、科研单位的有关专家近50人参加了会议。

会议总结了上半年全国水稻病虫害和夏季蝗虫发生情况，在分析当前病虫发生基数、作物品种布局和气候条件等因素的基础上，对中晚稻病虫害和秋季蝗虫发生趋势进行了会商分析。预计2018年中晚稻病虫害总体中等发生，秋季蝗虫总体发生平稳，局部地区可能出现高密度点片。其中，稻飞虱在华南、江南和西南东部稻区，稻纵卷叶螟在长江下游稻区，二化螟在江南和西南北部稻区，水稻纹枯病在南方大部分稻区偏重发生，局部大发生；稻瘟病在西南北部、长江中下游和东北局部稻区，稻曲病在江南中东部、西南北部、长江中下游、江淮和东北南部局部稻区，南方水稻黑条矮缩病在华南和

图72　全国农业技术推广服务中心组织召开2018年全国中晚稻病虫害和秋蝗发生趋势会商会

江南局部稻区存在偏重流行风险。东亚飞蝗秋蝗总体偏轻发生，山东、天津环渤海湾等蝗区中等发生，局部地区可能出现高密度点片；西藏飞蝗在川藏大部分蝗区、土蝗在北方农牧交错区总体中等发生；亚洲飞蝗在新疆、吉林、黑龙江等地轻发生，不排除境外飞蝗迁飞入境为害的可能。

针对2018年中晚稻病虫害和秋季蝗虫等发生形势，会议安排部署了下半年病虫监测预警工作。会议要求，一是要加强组织领导，落实属地责任。各地要树立防灾减灾意识，坚持做到“秋粮一天不到手，监测预警一天不放松”，进一步提高做好监测防控工作的认识，强化属地管理责任，加强组织领导，强化保障措施，完善队伍体系，及早安排部署，有效控制为害。二是要加强调查监测，及时掌握虫情。各地要加密加力，严密监测蝗虫、稻飞虱、稻瘟病等重大病虫害，特别是加强对高密度发生区和新发生区等的监测，防止漏查漏报；同时要加强信息调度，病虫害发生为害关键期实行“两周一报”和“周报”制度，遇有重大突发情况随时报告。三是要加强病虫会商，准确发布预报。各地要密切关注病虫发生动态和天气变化情况，及时组织专家会商分析研判虫情发生趋势，提高预报准确性；要加强预报信息的发布工作，大力推广实施“五位一体”病虫预报发布新模式，进一步提高信息到位率和扩大信息覆盖面，为领导指导防治提供决策依据，为广大农户及时开展防治提供信息服务。四要加强督导检查，推动措施落实。为督促各地做好重大病虫监测和防控工作，全国农业技术推广服务中心将根据农业农村部种植业管理司统一安排，适时派出督查组赴有关省（自治区、直辖市）检查指导；各地也要加强工作督导和技术指导，落实属地责任，确保各项监测和防控措施落实到位。

与会代表还实地考察了吉林省松原市水稻种植和病虫害发生情况。

13　认真组织会商研讨　科学判断病虫发生

——2018年全国玉米和棉花病虫害发生趋势会商及测报技术研讨会在哈尔滨召开

2018年7月16～18日，全国农业技术推广服务中心在黑龙江省哈尔滨市召开了2018年全国玉米和棉花病虫害发生趋势会商及测报技术研讨会（图73）。来自全国24个省（自治区、直辖市）植保

（植检、农技）站（局、中心）玉米和棉花病虫测报业务负责人，以及中国农业科学院植物保护研究所、国家气象中心等单位的专家共50人参加了会议。

图73　2018年全国玉米和棉花病虫害发生趋势会商及测报技术研讨会在哈尔滨召开

会议代表根据当前玉米和棉花重大病虫害发生情况、栽培制度和气候条件等因素会商分析，预计2018年玉米和棉花中后期病虫害总体中等发生，三代黏虫、穗期玉米螟、棉铃虫、大斑病、褐斑病等玉米病虫害局部偏重发生，7月底至8月底为各种病虫害发生盛期。

会议代表认为，近年来借助玉米和棉花病虫害相关公益性行业项目实施，我国玉米和棉花病虫害测报技术不断改进，数字化监测预警逐步规范，二点委夜蛾、玉米螟、小地老虎、棉盲蝽、烟粉虱等一大批玉米和棉花重大病虫害测报技术规范成功报批和实施，对推动全国玉米和棉花测报技术进步和提高预报准确率起到重要促进作用。会议强调，下半年玉米和棉花病虫害的监测预警任务重，尤其针对迁飞性害虫在局部区域可能重发，各地要加强调查监测，认真分析关键时期异常气候对病虫害发生造成的影响，全面开展调查监测工作，及时报送测报数据。同时，要加强预报发布，通过各种渠道做好病虫害预报信息服务，指导农民开展防治。

14　韩国代表团来我国开展水稻迁飞性害虫联合调查交流活动

2018年7月16～21日，根据中韩水稻迁飞性害虫与病毒病监测合作项目协议，以Roh Hyeong IL指导官为团长的韩国农村振兴厅专家代表团一行7人来我国开展水稻病虫害田间调查和技术交流活动（图74）。根据双方商定的工作方案，全国农业技术推广服务中心安排代表团赴广东、湖南两省与当地植保技术人员一起开展水稻迁飞性害虫与病毒病联合调查交流活动。在此期间，代表团访问了广东省农业有害生物预警防控中心，先后赴广东省仁化县，湖南省衡南县、长沙县实地调查水稻迁飞性害虫与病毒病田间发生情况，并采集稻飞虱样本，座谈交流了2018年水稻迁飞性害虫与病毒病发生概况、项目实施情况和水稻迁飞性害虫监测预警技术等内容，圆满完成了此次调查交流任务。

双方一致认为，近年来，通过实施水稻迁飞性害虫与病毒病监测合作项目，水稻迁飞性害虫发生机制和监测预警技术研究取得了重要进展，在提高水稻迁飞性害虫监测预警能力和早期预见性方面发

图74　韩国代表团来我国开展水稻迁飞性害虫联合调查交流活动

挥了重要作用。希望本期项目继续加强技术合作和信息交流，推动本期合作在更宽领域、更高层次取得更大成果，为两国水稻生产和植保事业发展做出新贡献。

15　加强经济作物病虫测报　服务乡村振兴战略实施

——2018年全国马铃薯及经济作物病虫害发生趋势会商会在成都召开

为适应种植业结构调整，落实农业农村部重点工作要求，2018年8月21 ~ 22日，全国农业技术推广服务中心在四川省成都市召开了2018年全国马铃薯及经济作物病虫害发生趋势会商会（图75）。来自全国各省（自治区、直辖市）植保机构负责马铃薯及经济作物病虫测报工作的技术人员，以及中国农业科学院植物保护研究所、蔬菜花卉研究所、柑橘研究所，西南大学和内蒙古大学等科研、教学单位的多位国家马铃薯、经济作物产业体系岗位专家近50人参加会议。农业农村部种植业管理司植保植检处王建强调研员出席会议并讲话。

图75　2018年全国马铃薯及经济作物病虫害发生趋势会商会在成都召开

会议重点交流了各地开展经济作物病虫测报工作的做法和经验，研讨了下一步加强经济作物病虫测报的思路及对策措施。会议指出，我国经济作物病虫害种类多、发生严重，是制约经济作物产业健康发展的重要因素。各地要高度重视，充分认识加强经济作物病虫测报的重要意义，进一步明确思路，积极推进经济作物病虫测报工作健康开展，为更好服务于乡村振兴战略实施、农业供给侧结构性改革和种植业结构调整做出积极贡献。

会议强调，经济作物病虫测报，要以产业需求为导向，突出重点、兼顾特色，循序渐进、逐步完善，调整力量、加强研究，分工协作、协力推进。当前和今后一段时间，要以摸清种类、明确需求，研究规律、探索方法，加强培训、推广技术，加强监测、实时指导，健全体系、培养队伍为工作重点，环环紧扣，扎实推进，逐步建立比较完善的经济作物病虫害监测预警体系和测报技术体系，提高经济作物病虫害监测预警能力和测报技术服务能力。

会议总结交流了当前马铃薯及经济作物病虫害发生情况，在分析当前病虫发生基数和未来天气情况的基础上，重点对后期马铃薯晚疫病发生趋势进行了分析会商。受2018年北方降水偏多等因素影响，当前马铃薯晚疫病在西北、华北和东北大部分主产区发生程度重于近3年，8月下旬的天气条件对后期病害流行扩散仍比较有利。会议要求，各地要继续加强监测、分类指导，重点对冷凉山区、收获偏迟、发病基数高的田块组织开展防治，控制病害后期流行。

16 推进植保大数据建设 提高重大病虫害监控能力

——全国农业技术推广服务中心与中国科学院合肥智能机械研究所等单位启动植保大数据建设合作

2018年10月10日，为实践习近平总书记关于实施国家大数据战略重要的论述，全国农业技术推广服务中心与中国科学院合肥智能机械研究所、安徽中科智能感知产业技术研究院有限责任公司在北京举办植保大数据建设战略合作协议签约仪式，正式启动大数据技术在重大病虫害监测防控工作中的研发与应用工作（图76）。今后，三方将通过在重大项目联合申报、核心产品研发、通用平台构建、行业标准制定和技术集成示范等方面加强合作，切实推动大数据技术在植保领域的研发与应用，将大数据技术转化为实实在在的科技生产力。全国农业技术推广服务中心主任刘天金、中国科学院合肥智能机械研究所所长王儒敬、安徽中科智能感知产业技术研究院有限责任公司总经理张炜代表三方签署合作协议。全国农业技术推广服务中心党委书记魏启文主持了签约仪式。

图76 全国农业技术推广服务中心与中国科学院合肥智能机械研究所等单位启动植保大数据建设合作

在合作项目签约仪式上，全国农业技术推广服务中心主任刘天金指出，大数据已被确定为国家重大战略，建设植保大数据既是落实国家重大战略的具体举措，也是提高重大病虫害监控能力的现实需要。2017年12月8日，习近平总书记在中共中央政治局就实施国家大数据战略进行第二次集体学习时强调："大数据发展日新月异，我们应该审时度势、精心谋划、超前布局、力争主动，深入了解大数据发展现状和趋势及其对经济社会发展的影响，分析我国大数据发展取得的成绩和存在的问题，推动实施国家大数据战略，加快完善数字基础设施，推进数据资源整合和开放共享，保障数据安全，加快建设数字中国，更好服务我国经济社会发展和人民生活改善。"近年来，受气候变化、耕作制度演变等因素影响，我国农作物病虫害监测防控面临新的挑战。一是病虫害重发、多发、频发。小麦赤霉病、稻瘟病、"两迁"害虫、黏虫等流行性、迁飞性病虫害重发频率升高，病虫害监测压力增大。二是测报技术人员减少。基层植保机构人手减少、青黄不接、力量薄弱，普遍存在测报工作"将来谁来干"的问题。三是监测手段落后。当前，我国农作物病虫害监测仍以人工监测为主，传统的"眼观手查、盘拍棍赶"的状况并未根本改变，劳动强度大、监测效率低、标准不统一，影响监测准确性。建设植保大数据，可以充分发挥大数据在监测预警、智能预测、信息服务等方面的作用，提高重大病虫害监测预警和防控服务能力。

刘天金强调，建设植保大数据就是要紧紧围绕农业绿色发展和种植业供给侧结构性改革，以重大病虫害绿色防控和治理需求为导向，综合应用互联网、大数据、人工智能等现代信息技术和装备，以数据集中和共享为途径，通过推进技术融合、业务融合、数据融合，整合升级现有的中国农作物有害生物监控信息系统、全国农作物重大病虫害数字化监测预警系统、全国农业植物检疫信息化管理系统、中国蝗虫防控信息系统和农药需求预测调查系统，打破信息壁垒，建设植保数据中心、信息采集系统、分析处理系统、决策支持系统和信息服务系统，形成覆盖全国、统一接入、统筹利用的植保大数据共享平台，构建全国植保信息资源共享体系，形成植保领域万物互联、人机交互、天地一体的网络空间，实现跨层级、跨地域、跨系统、跨部门、跨业务的协同管理和服务。通过建立健全大数据辅助科学决策的机制，充分利用大数据平台，综合分析各种因素，提高对病虫害发生的感知、预测、防控能力，推动植保向自动化、信息化、智能化发展，实现植保政府决策科学化、防控治理精准化、公共服务高效化。要通过加强合作，解决关键技术问题，研发实用产品，促进大数据技术推广应用，让更多的大数据产品在植保领域开花结果，切实提高重大病虫害监测防控能力，让"手机植保、手机种田"的梦想变为现实。

中国科学院合肥智能机械研究所所长王儒敬指出：建设植保大数据，发挥人工智能技术在农业，特别是植保中的应用，是落实国家相关战略的重要手段，更是落实国家乡村振兴战略规划的具体措施；建设植保大数据，有利于发挥大数据驱动农业生产向精准化、智能化转变的作用，是农业变革核心驱动力；植保大数据与人工智能，大势将至，未来已来！

签约仪式后，还举办了大数据应用技术报告会，中国科学院合肥智能机械研究所王儒敬、谢成军研究员分别以《大数据和人工智能技术在智慧植保中的应用》和《智慧植保平台建设思路及进展》为题，报告了大数据基本原理、方法、研究进展和应用前景，以及植保大数据建设的内容、思路和工作进展。全国农业技术推广服务中心各相关处室负责人和专业技术人员参加了相关活动。

17　全面摸清病虫越冬基数　科学研判来年发生趋势

——全国农业技术推广服务中心组织开展农作物重大病虫害越冬基数调查

全国农业技术推广服务中心于2018年11月上、中旬组织植保机构和科研单位的有关专家，赴安徽、湖北、山东、河北、甘肃5个省13个县（市、区）开展了农作物重大病虫害越冬基数调查，基本掌握了几种重大病虫害越冬基数，为2019年发生趋势预测提供了第一手数据（图77）。

水稻二化螟越冬基数略高于2017年同期，安徽潜山、湖北孝感部分重发田块每公顷虫量为135万～240万头；湖北孝感水稻再生苗上查见黏虫幼虫。山东、河北玉米螟和桃蛀螟虫量明显高于2017

图77 全国农业技术推广服务中心组织开展农作物重大病虫害越冬基数调查

年，一般百秆虫量为30 ~ 50头，多的达100头以上，河北任丘查见高粱条螟（越冬型）；二点委夜蛾和棉铃虫虫量低于2017年。山东沾化和河北南大港查见东亚飞蝗卵块；山东麦田零星见蚜虫。甘肃秋苗小麦条锈病、白粉病、叶锈病发病程度总体轻于2017年，小麦条锈病在定西市平均病田率、病叶率分别为66%和0.15%，天水市零星见病，个别田块病情严重度较高。

在此期间，专家们还交流了2018年农作物重大病虫害发生特点，结合本次越冬基数调查结果，对2019年发生趋势做了初步预判。专家认为，若2018年冬季和2019年春季气候适宜，2019年二化螟、玉米螟、麦蚜、棉铃虫仍将维持重发态势，东亚飞蝗、黏虫等迁飞性害虫在局部地区高密度重发可能性大，小麦条锈病总体将中等发生。

中国农业科学院植物保护研究所、中国农业大学、西北农林科技大学、南京农业大学等科研、教学单位有关专家及省（自治区、直辖市）、市、县植保技术人员参加本次调查活动。本次活动督促带动了各地及时开展当地病虫害越冬基数调查，以便全面地把握重大病虫害发生基数，活动也对基层技术人员掌握重大病虫害发生规律和监测技能起到很好的现场培训和指导作用。

18　中越水稻迁飞性害虫合作项目2018年度工作总结会在广西召开

2018年11月28 ~ 30日，由全国农业技术推广服务中心主办的中越水稻迁飞性害虫监测与防治合作项目2018年度工作总结会在广西召开，来自越南农业和农村发展部植物保护局副局长阮贵洋一行5位专家和全国农业技术推广服务中心项目人员及其他中方有关专家参加了会议（图78）。与会人员围绕2018年项目实施进展和2019年项目合作计划进行了深入探讨，并就水稻迁飞性害虫监测防治技术进行了深入交流，为进一步实施好该项目奠定了基础。

中国和越南都是稻飞虱和稻纵卷叶螟严重为害的国家，双方互为虫源地，发生程度关系密切。在中越两国政府农业主管部门的高度重视下，中越双方自2010年起实施中越水稻迁飞性害虫监测与防治合作项目。双方合作以来，通过互设联合监测点、每年2 ~ 9月定期交流病虫信息、互派专家调查交

图78　中越水稻迁飞性害虫监测与防治合作项目2018年度工作总结会在广西召开

流、每年召开工作总结评估会议等途径，建立了中越水稻迁飞性害虫监测与防治合作机制，对于掌握水稻迁飞性害虫跨境往返迁飞为害的发生规律，明确南方水稻黑条矮缩病随白背飞虱跨境传播为害的流行规律起到了积极作用，促进了水稻病虫害监测预警和防治技术进步，为增强水稻重大病虫害监测预警和防控能力、科学开展防治、保障农业丰收发挥了重要作用。

与会越方代表充分肯定了项目的积极作用，并对中方给予的帮助表示衷心感谢，尤其是2018年通过及时应用中方提供的检测、监测及防控技术，其南方水稻黑条矮缩病（由迁飞性害虫白背飞虱传播）发生面积比2017年减少98%，成效显著。

会议期间，中方组织越方代表团访问了广西壮族自治区农业科学院，参观了广西壮族自治区农业科学院成果展，了解了广西壮族自治区农业科学院的奋斗历程和发展成就，并与该院植物保护研究所的专家就农作物病虫监测防控技术进行了座谈交流。同时组织越南代表团参观了扶绥县渠黎镇渠芦现代农业专业合作社，对合作社的组织架构、运营管理、经营模式，以及农作物病虫害监测与绿色防控技术、专业化统防统治等进行了详细了解。中越双方代表还就中国植保体系建设及信息化建设进行了交流探讨。

19　2019年多种农作物病虫害将偏重发生

——2019年重大病虫害发生趋势会商培训班在厦门举办

2018年12月6～7日，为提高重大病虫害监测预警水平，总结分析2018年重大病虫害发生情况，分析会商2019年发生趋势，全国农业技术推广服务中心在福建省厦门市举办2019年重大病虫害发生趋势会商培训班，组织各省（自治区、直辖市）植保植检站测报技术人员和科研、教学单位有关专家对2019年全国农作物重大病虫害发生趋势进行了分析会商（图79）。

专家会商认为，2019年我国农作物重大病虫害发生形势依然严峻。小麦赤霉病、蚜虫，稻飞虱、二化螟，玉米螟、棉铃虫等重大病虫害将偏重发生，黏虫会在北方局部地区出现高密度集中为害，草地螟进入新的发生为害周期，飞蝗在湖库和湿地及河谷地带、北方农牧区土蝗等在局部地区可能发生高密度点片，将对农作物生产安全构成严重威胁。

培训班传达学习了2018年全国省级植保（植检）站（局）长会议精神，强调当前及今后一段时间，全国农作物病虫测报工作要贯彻落实全国植保站长会议确定的工作思路和重点，在大力推进病虫测报自动化、智能化和信息化的基础上，要重点组织实施好植保工程，推进精准测报，强化预报信息服务，让病虫测报真正对农药减量起到技术支撑作用，为农业绿色发展保驾护航。

培训班要求，各地要进一步提高认识，切实增强责任感，认真做好2019年病虫测报工作。一是要

图79　2019年重大病虫害发生趋势会商培训班在厦门举办

认真做好病虫监测调查和信息报送，及时开展病虫趋势会商和预报预警，为重大病虫防控提供科学指导。二是要高质量实施好植保工程，按照“互联网+”和聚点成网的思路，加强项目组织，加快建设进度，配置成熟可用、性能稳定的仪器设备，实现与县级、省级和国家级三级系统平台的互联互通，监测站点要统一设计、统一标识，一张图纸绘到底，把项目打造成工作展示阵地和形象宣传阵地。三是要积极研究谋划新形势下测报工作的思路和出路，进一步明确工作重点，加强经济作物病虫测报，为农业绿色、高质量发展提供技术支撑。

农业农村部种植业管理司王建强调研员出席会议并讲话。来自全国31个省（自治区、直辖市）植保植检站的分管站长、测报科长、技术人员和中国农业科学院植物保护研究所、南京农业大学、国家气象中心等单位的专家共85人参加了培训班。中国农业科学院植物保护研究所王振营研究员、南京农业大学翟保平教授、江苏省农业科学院方继朝研究员、河南省农业科学院宋玉立研究员、国家气象中心郭安红研究员、福建省植保植检总站王茂明研究员分别围绕草地贪夜蛾的监测与防控，水稻螟虫发生规律及趋势分析，小麦茎基腐病监测与防控，气候特点与趋势等进行了培训。

附　录

2018年度全国农业技术推广服务中心病虫害测报处发表病虫测报论文、著作和制定标准情况

序号	作　　者	题　　目	刊物或出版机构名称	卷（期）、页码	备注
1	刘万才，黄冲	我国农作物现代病虫测报建设进展	植物保护	2018，44（5）:159-167	J
2	刘万才，黄冲，等	农作物重大病虫害监测预警工作年报2017	中国农业出版社	2018年9月	M
3	姜玉英，刘万才，黄冲，等	2018全国农作物重大病虫害发生趋势预报	中国植保导刊	2018，38（2）:26-31	J
4	姜玉英，刘杰，曾娟	我国黏虫周年区域动态规律的监测	应用昆虫学报	2018，55（5）:778-793	J
5	姜玉英，刘杰，曾娟，等	棉铃虫种群调查及测报技术	应用昆虫学报	2018，55（2）:132-137	J
6	姜玉英，周福才，杨清坡，等	蔬菜烟粉虱测报技术规范	中国农业出版社	2018年12月	S
7	姜玉英，刘杰，王惠卿，等	棉蓟马测报技术规范	中国农业出版社	2018年12月	S
8	黄冲，姜玉英，李佩玲	2017年我国小麦条锈病流行特点及重发原因分析	植物保护	2018，44（2）：162-166，183	J
9	黄冲，刘万才	我国农作物病虫测报信息化发展进程、现状与推进思路	中国植保导刊	2018，38（2）：21-25，31	J

（续）

序号	作　者	题　目	刊物或出版机构名称	卷（期）、页码	备注
10	黄冲，姜玉英，纪国强，等	2017年我国小麦条锈病流行大尺度时空动态分析	植物保护学报	2018，45（1）：20-26	J
11	陆明红，刘万才，胡高，翟保平，Hoang Anh Tuan，Do Hong Khanh	中越水稻迁飞性害虫稻飞虱、稻纵卷叶螟发生关系分析	植物保护	2018，44（3）：31-36	J
12	陆明红，刘万才，朱凤	稻曲病近年流行规律及治理对策探讨	中国植保导刊	2018，38（5）: 44-47	J
13	陆明红，刘万才，包云轩，等	水稻条纹叶枯病测报技术规范	中国农业出版社	2018年12月	S
14	刘杰，姜玉英，陆宴辉，等	玉米田棉铃虫测报技术规范	中国农业出版社	2018年12月	S
15	刘杰，姜玉英，张振铎，等	玉米大斑病测报技术规范	中国农业出版社	2018年12月	S
16	刘杰，姜玉英，曾娟，等	2017年我国黏虫发生特点分析	中国植保导刊	2018，38（5）：27-31	J
17	杨清坡，刘杰，姜玉英，刘万才	2016年全国油菜菌核病发生特点、原因分析及治理对策	植物保护	2018，44（1）：147-152	J
18	杨清坡，刘万才，黄冲，朱景全，张振铎，朱军生，谢飞舟	2017年我国飞蝗高密度点片发生分析及监控建议	中国植保导刊	2018，38（3）：37-39，47	J
19	杨清坡，刘万才，黄冲	近10年油菜主要病虫害发生危害情况的统计和分析	植物保护	2018，44（3）：24-30	J

注：收录2018年见刊或正式出版的植保机构第一作者发表的病虫测报相关文章、论文、标准。

2018年度全国农业技术推广服务中心病虫害测报处承担在研科研项目情况

序号	项目（课题）名称	项目类型	参加人	主持单位
1	大气低频振荡对中国褐飞虱灾变性迁入的影响	国家自然科学基金	刘万才，陆明红	南京信息工程大学
2	农业生态风险监测与控制技术	转基因生物新品种培育重大专项课题	姜玉英，刘杰，曾娟	中国农业科学院植物保护研究所
3	黏虫综合防治技术研究与示范	公益性行业（农业）科研专项	姜玉英，刘杰，曾娟	中国农业科学院植物保护研究所
4	棉花化肥农药减施技术集成研究与示范	国家重点研发计划（双减项目）	姜玉英，刘杰	中国农业科学院植物保护研究所
5	五大种植模式区主要病虫害的监测预警技术及信息化预警平台	国家重点研发计划（粮食丰产增效科技创新）	黄冲，陆明红，刘杰	中国农业大学
6	长江流域冬小麦化肥农药减施增效评价技术与政策研究	国家重点研发计划（双减项目）	黄冲	中国农业科学院植物保护研究所
7	中美农作物病虫害生物防治关键技术创新合作研究	国家重点研发计划（国际合作）	刘杰，杨清坡	中国农业科学院植物保护研究所
8	华南及西南水稻化肥农药减施技术集成研究与示范	国家重点研发计划（双减项目）	刘万才，陆明红，杨清坡	华南农业大学

2018年度全国农业技术推广服务中心病虫害测报处获得科技奖励情况

1 单位获奖情况

序号	获奖单位	成果名称	奖励名称	奖励等级	排名	授奖部门
1	全国农业技术推广服务中心	南方水稻黑条矮缩病的发现及应急防控技术	广东省科学技术奖	二等奖	3	广东省人民政府

2 个人获奖情况

序号	获奖个人	成果名称	奖励名称	奖励等级	排名	授奖部门
1	刘万才	南方水稻黑条矮缩病的发现及应急防控技术	广东省科学技术奖	二等奖	4	广东省人民政府
2	陆明红	南方水稻黑条矮缩病的发现及应急防控技术	广东省科学技术奖	二等奖	10	广东省人民政府
3	刘杰	蔬菜害虫天敌昆虫资源的发掘、规模化生产与应用	大北农科技奖植物保护奖	一等奖	7	北京大北农科技集团有限公司

2018年全国农业技术推广服务中心病虫害测报处人员与工作分工

处　长（刘万才） 主持全面工作，负责测报工作规划、技术服务创收和财务管理工作；负责水稻病虫等预报工作的组织指导工作；参与植保立法的有关调研、论证与起草工作；负责处内承办的中心文件（文、函、请示等）的核稿工作。

副处长1（姜玉英） 协助处长做好日常业务工作，负责处室绩效管理细化和棉花病虫测报及油菜、玉米（包括黏虫）病虫及草地螟等病虫预报工作的组织指导，相关调研与督导活动，相关测报标准制定和科研项目等工作；负责植保工程的组织实施和调度工作；负责全国病虫测报区域站管理日常工作；日常工作中重点负责处内承办的病虫情报等材料的核稿工作。

副处长2（黄冲） 负责小麦、马铃薯病虫，以及蝗虫监测预报及相关病虫发生信息调度工作；负责重大病虫害监测预警信息化建设、病虫监控中心建设运维管理工作；组织全国病虫测报区域站管理日常工作；负责政务信息系统整合和农作物病虫疫情监测中心建设项目日常工作；负责自动化、智能化实时监控测报工具试验跟踪工作。

测报岗位1（陆明红） 负责水稻病虫的预报及相关病虫发生信息调度工作，承担相关标准制定和科研项目；负责中越、中韩迁飞性害虫合作项目的日常工作；负责处内档案管理工作；负责CCTV-1电视预报的协调联络工作；负责害虫性诱实时监控系统试验、示范等工作。

测报岗位2（刘杰） 负责玉米（包括黏虫）等作物病虫和草地螟的预报及相关病虫发生信息调度工作；协助做好棉花病虫害测报资料的收集整理工作和处室绩效管理日常工作，负责中国农技推广网“病虫测报”子网站的运行与维护工作；负责处内资产管理工作；承担相关标准制定、科研项目以及其他相关业务工作；负责害虫性诱自动测报工具试验、示范工作。

测报岗位3（杨清坡） 负责油菜病虫害和蝗虫的测报工作，负责蔬菜、果树等经济作物病虫害的测报与管理工作；协助做好水稻病虫害的预测预报及信息调度工作；协助处理中越、中韩迁飞性害虫合作项目的日常工作；承担相关标准制定和科研项目；负责病虫害智能调查工具试验、示范工作。2018年7～8月在农业农村部国际合作司借调实习，9月根据组织安排赴联合国粮食及农业组织国际植保公约秘书处工作，任P2职级官员。

注：实行A、B角协作制，其中正、副处长1互为A、B角，测报岗位1、3，副处长2和测报岗位2互为A、B角。

2019年全国农业技术推广服务中心病虫害测报处人员与工作分工

处　长（刘万才） 主持全面工作，负责测报工作规划、技术服务创收和财务管理工作；负责水稻病虫等预报工作的组织指导工作；参与植保立法的有关调研、论证与起草工作；负责处内承办的中心文件（文、函、请示等）的核稿工作。

副处长1（姜玉英） 协助处长做好日常业务工作，负责处室绩效管理，棉花病虫测报，油菜、玉米（包括黏虫）病虫、草地螟等病虫预报工作以及植保统计的组织指导，相关测报标准制定和科研项目等工作；负责植保工程的组织实施和调度工作；日常工作中重点负责处内承办的病虫情报等材料的核稿工作。

副处长2（黄冲） 协助处长做好日常业务工作，负责小麦、马铃薯病虫监测预报及相关病虫发生信息调度工作；协助处长做好测报工作规划和财务管理工作；负责重大病虫害监测预警信息化建设、病虫监控中心建设运维管理工作；负责全国病虫测报区域站日常管理工作；负责植保大数据和农作物病虫疫情监测中心建设项目日常工作；承担相关标准制定、科研项目及其他相关业务工作；承担自动化、智能化实时监控测报工具试验跟踪工作。

测报岗位1（陆明红） 负责水稻病虫的预报及相关病虫发生信息调度工作，承担相关标准制定和科研项目；负责中越、中韩迁飞性害虫合作项目的日常工作；负责处内档案管理工作；负责CCTV-1电视预报的协调联络工作；负责害虫性诱实时监控系统和病虫害田间发生数据移动智能采集设备试验、示范工作。

测报岗位2（刘杰） 负责玉米（包括黏虫）、油菜等作物病虫和草地螟的预报及相关病虫发生信息调度工作；负责植保统计和重要病虫害危害损失评估工作；协助做好棉花病虫害测报资料的收集整理工作和处室绩效管理日常工作；负责中国农技推广网“病虫测报”子网站的运行与维护工作；负责处内资产管理工作；承担相关标准制定、科研项目以及其他相关业务工作；负责害虫性诱自动测报工具试验、示范工作。

注：实行A、B角协作制，其中正、副处长1互为A、B角，测报岗位1、3，副处长2和测报2互为A、B角。

2018年12月，经中心主任会议研究，自2019年起，全国植保专业统计业务由标准信息处调病虫害测报处，蝗虫的监测预报工作职能由病虫害测报处调病虫害防治处。

农业农村部种植业管理司、全国农业技术推广服务中心抗击草地贪夜蛾活动大事记

（截至2019年9月）

1．2018年8月14日，全国农业推广服务中心得到联合国粮食及农业组织（FAO）草地贪夜蛾预警信息，主动与国内外专家联系，着手收集草地贪夜蛾相关知识，密切关注发生发展动态。

2．2018年10月18日，全国农业技术推广服务中心组织专家研讨草地贪夜蛾传入风险，提出应对策略，做好监测防控技术储备。

3．2018年12月6日，全国农业技术推广服务中心在2019年重大病虫害发生趋势培训班上，邀请中国农业科学院植物保护研究所王振营研究员讲授“草地贪夜蛾识别入侵中国风险及应对措施”。

4．2018年12月26日，农业农村部种植业管理司下发《关于加强草地贪夜蛾监测预警工作的通知》（农农（植保）〔2018〕18号），提醒云南、广西注意监测草地贪夜蛾侵入我国。

5．2019年1月3日，全国农业技术推广服务中心印发《关于做好草地贪夜蛾侵入危害防范工作的通知》，要求各地做到以下四点：高度重视，充分认识防范工作重要性；强化监测，确保履职守责到位；突出重点，全面落实各项防控措施；加强指导，建立应急报告制度。通知附草地贪夜蛾形态特征和生物学习性。

6．2019年1月开始，全国农业技术推广服务中心在云南、广西等边境省份设立重点监测点，架设高空测报灯和黑光灯，开展灯诱成虫系统监测工作；主动联系国内具有技术优势的企业，安排研制并下发给5个省份102个县1 700套性诱监测设备，支持各重点省份启动性诱监测工作，力争做到早发现、早报告、早预警。

7．2019年1月11日，全国农业技术推广服务中心接到云南省植保植检站报告，普洱市江城县杨学礼站长发现疑似草地贪夜蛾幼虫为害。1月12日，全国农业技术推广服务中心派出姜玉英研究员带队，朱晓明、刘杰参加的调查组紧急赶赴现场，1月13日实地查明证实草地贪夜蛾已侵入我国。

8．2019年1月16日，全国农业技术推广服务中心向农业农村部种植业管理司报送了《云南省草地贪夜蛾发生危害情况调查报告》（农技植保函〔2019〕13号），报告了草地贪夜蛾发生危害情况、云南省工作开展情况、下一步发生趋势分析，提出了将草地贪夜蛾列入我国重大害虫名录、加强监测预警、建立国际合作机制和加强草地贪夜蛾监控技术研究的建议。报告为农业农村部掌握虫情并部署工作提供了重要信息。

9．2019年1月16日，全国农业技术推广服务中心姜玉英研究员等在中央人民广播电台“中国乡村之声”录制了《草地贪夜蛾监测与防范》节目，宣传提醒广大农技人员和农民做好防范工作。全国农业技术推广服务中心积极通过网站、广播、微信公众号、微信群、刊物广泛宣传草地贪夜蛾形态特征、为害习性，及时组织各地技术人员加密监测预警。

10．2019年1月21～25日，为配合云南省紧急组织全省16市（州）开展大面积普查工作，全国农业技术推广服务中心第二次派出专家深入云南省德宏傣族景颇族自治州5县（市）虫灾发生第一线调查虫情，检查新配备的高空测报和性诱工具应用效果，指导当地开展调查和防治工作。

11．2019年1月18日和1月30日，全国农业技术推广服务中心及时印发《草地贪夜蛾已侵入我国各地要立即开展调查监测》《草地贪夜蛾在云南西南部3市（州）为害冬玉米》病虫情报2期，安排中南部省份密切关注草地贪夜蛾发生动态，做好灯诱、性诱监测，适时组织开展大田普查。

12．2019年2月24～25日，全国农业技术推广服务中心组织专家研究制订《草地贪夜蛾测报调查方法》（农技植保函〔2019〕49号）、《2019年草地贪夜蛾防控技术方案》（农技植保函〔2019〕50号），印发各地。

13．2019年2月27日，《农民日报》对草地贪夜蛾的发生形势和防治技术方案进行了报道，为各地开展虫情监测防控提供指导和技术支撑。

14．2019年3月4日和3月12日，全国农业技术推广服务中心第41期全国农作物病虫测报技术培训班分别在南京农业大学和西南大学举办，由王振营、姜玉英研究员分别讲授了草地贪夜蛾生物学特性、全球传播、监测与控制技术等内容，对31个省份的100位基层技术人员进行了专题培训，为下一步全面开展工作奠定了良好基础。

15．2019年3月26日，在由全国农业技术推广服务中心主办的2019年全国科学安全用药培训活动启动仪式上，全国农业技术推广服务中心党委书记魏启文接受了由深圳百乐宝生物农业科技有限公司捐赠的草地贪夜蛾性诱产品1万套，发往30个省份777个县，为各地实施草地贪夜蛾性监测提供了有效工具。

16．2019年4月4日，全国农业技术推广服务中心印发了《我国及周边国家草地贪夜蛾发生为害情况通报》病虫情报，向农业农村部领导和各地通报了当前我国云南、广西以及周边国家草地贪夜蛾的发生情况，并分析了未来发生趋势，提醒各地做好监测预警工作。

17．2019年5月9日，全国农业技术推广服务中心组织召开草地贪夜蛾发生形势研判及防控策略专家研讨会，组织科研、教学和生产单位的专家对其发生形势进行研判，并研究制订防控对策建议。会议通报了草地贪夜蛾的发生动态和形势。与会专家分析，草地贪夜蛾已侵入我国定殖并建立了种群，呈现扩展速度快、为害程度重、监测和防控难度大的特点，将在我国建立周年繁殖区，并形成夏季重发为害区。全国农业技术推广服务中心党委书记魏启文主持会议，农业农村部种植业管理司副司长朱恩林出席会议并讲话。

18．2019年5月14日，中央和国家机关发电《农业农村部关于加强草地贪夜蛾监测防控的紧急通知》（农明字〔2019〕第24号），要求各地牢固树立防灾减灾意识，全面做好虫情普查和监测预警，全力做好防控处置工作，强化技术普及与宣传培训。通知发至各省、自治区、直辖市、计划单列市农业农村（农牧）厅（委、局），新疆生产建设兵团农业农村局，黑龙江省农垦总局，并抄送各省、自治区、直辖市、计划单列市人民政府。

19．2019年5月20日，针对草地贪夜蛾在我国发生的严峻形势和种植业生产急需，农业农村部种植业管理司和全国农业技术推广服务中心编印了《草地贪夜蛾防控技术挂图》，以指导基层干部群众加强对该虫害的识别与应急防控，并在农业农村部网站宣传，起到良好效果。

20．2019年5月20日，农业农村部种植业管理司和全国农业技术推广服务中心联合拟定的《关于申请迁飞入侵害虫草地贪夜蛾监测防控补助经费的报告》报送财政部，申请紧急安排经费，支持地方开展监测防控工作。

21．2019年5月22日，针对草地贪夜蛾传入我国并快速扩散的严峻形势，根据农业农村部种植业管理司的要求，全国农业技术推广服务中心和中国农业科学院植物保护研究所在北京召开草地贪夜蛾农药筛选与抗性研究专家组研讨会，来自科研、教学、植保和农药管理等机构的10多位专家参加会议。会议研究制订化学防控药剂筛选试验方案，遴选出18家农药企业生产的20个农药品种、3种喷雾助剂进行试验。

22．2019年5月24日，农业农村部召开全国草地贪夜蛾防控工作视频会议，全面安排部署草地贪夜蛾防控工作。农业农村部部长韩长赋对会议提出明确要求，副部长张桃林出席会议并讲话。会议强调，做好草地贪夜蛾防控工作，坚决遏制其暴发成灾，事关实现全年粮食生产目标，事关稳定经济社会大局。各级农业农村部门要坚决贯彻习近平总书记重要指示精神和李克强总理等中央领导同志批示要求，提高政治站位，坚持底线思维，主动担当作为，迅速果断行动，不折不扣抓好各项措施落实，坚决打赢“虫口夺粮”攻坚战，赢得全年粮食和农业丰收主动权。云南、广西、四川、湖南4省份农业农村厅负责同志作交流发言。

23．2019年5月29日，农业农村部种植业管理司为贯彻落实中央领导通知要求，成立由吴孔明院士为组长的26人组成的草地贪夜蛾监测防控专家指导组。5月31日，农业农村部召开草地贪夜蛾监测

防控专家指导组会议，朱恩林副司长传达中央领导同志批示精神，通报草地贪夜蛾发生动态，以及监测防控工作部署情况。会议还确定了专家指导组成员名单，并明确了专家指导组重点任务。要求专家紧紧围绕“虫口夺粮”保丰收重点任务，发挥专长和技术优势，主动作为，积极献策，及时指导地方做好草地贪夜蛾技术培训和监测防控工作，为夺取粮食丰收做出贡献。

24．2019年6月3日，农业农村部办公厅发出《关于做好草地贪夜蛾应急防治用药有关工作的通知》（农办农〔2019〕13号）。其中，根据《农药管理条例》有关规定，在专家论证的基础上，该通知公布25种草地贪夜蛾应急防治用药推荐名单，提出明确应急用药产品范围、加强应急用药监督管理、强化应急用药指导服务、限定应急用药使用时间等要求。

25．2019年6月5日，张桃林副部长赴安徽省六安市金安区、滁州市南谯区，实地查看草地贪夜蛾发生田块，了解害虫为害习性、防控措施，督导草地贪夜蛾防控工作。张桃林副部长要求加强草地贪夜蛾监测防控，确保做到资金到位、物资到位、指导到位、宣传到位、培训到位，努力遏制虫害大面积暴发成灾。种植业管理司司长潘文博陪同调研督导。

26．2019年6月5日，国务院常务会议部署草地贪夜蛾防控工作，要求针对2019年草地贪夜蛾等病虫害危害程度较重的情况采取有力措施加强防治。为贯彻国务院常务会议精神，农业农村部、财政部紧急安排中央财政农业生产救灾资金5亿元，支持虫情发生区和迁飞过渡区的21个省份开展草地贪夜蛾虫害统防统治、联防联控、应急防治，坚决遏制其暴发成灾，打赢“虫口夺粮”攻坚战，切实保障全年粮食生产稳定。

27．2019年6月5日，种植业管理司组织成立草地贪夜蛾防控办公室，明确了工作的职责、人员组成、工作分工、相关工作协调配合、各省份信息员名单，以及值班值守、会议交流、工作报告、信息调度和安全保密等要求，办公室工作的开展为农业农村部领导决策提供了重要的信息保障。

28．2019年6月6日，农业农村部下发《关于持续加强草地贪夜蛾防控工作的紧急通知》，进行草地贪夜蛾防控工作紧急部署，要求各地切实加强虫情监测预警，严格落实虫情报告制度，加大防控处置力度，广泛开展宣传普及工作，切实控制草地贪夜蛾为害，保障秋粮安全生产。

29．2019年6月12日，韩长赋部长赴河北省邢台市，调查了解草地贪夜蛾监测和防控工作进展，并组织召开座谈会，要求切实抓好草地贪夜蛾监测与防控各项措施落实落地。

30．2019年6月13日，农业农村部召开全国草地贪夜蛾防控工作推进落实视频会议，对防控工作进行再动员、再部署、再落实。韩长赋部长作重要讲话，要求各地坚决贯彻落实习近平总书记重要指示和李克强总理等中央领导同志批示精神，按照国务院常务会议要求部署，提高政治站位，坚持底线思维，全面监测预警，及时有效处置，不折不扣落实好各项防控措施，坚决打赢草地贪夜蛾防控攻坚战。云南、湖南、安徽、河南4省人民政府负责同志作交流发言。

31．2019年6月14日，农业农村部种植业管理司下发《关于加强草地贪夜蛾发生防治信息报送的通知》（农农（植保）〔2019〕16号），要求自6月17日起实施首次发现当日报告、发生防治信息一周两报制度。该通知要求首次发现当日报告，在查见并核实后立即填报，重点填报发现时间、虫态、面积和被害作物等；发生防治信息一周两报，在每周一和周四中午12时前完成填报，重点填报新增发生、防治面积，以及技术培训、资金投入、统防统治、防治效果等，并简述防控工作情况，确保信息渠道畅通、上传下达。

32．2019年6月18日，农业农村部种植业管理司会同全国农业技术推广服务中心组织河南、山东、河北、山西、陕西等省植保站负责同志，就加强虫情普查和监测工作进行专题研究，初步达成了加紧购置专用监测设备，分区分带加密设置监测网点，切实提升监测能力，实现成虫迁入、幼虫发生等全面监测的意见，并由全国农业技术推广服务中心组织各地尽快实施。

33．2019年6月18～19日，农业农村部种植业管理司会同全国农业技术推广服务中心在上海全国农药减量增效推进落实会上，听取了30个省份农业农村厅植保站站长和10个重点省份种植业处处长对《全国草地贪夜蛾防控方案》的意见和建议，修改完善后，于6月21日印发各省、自治区、直辖市及计划单列市农业农村（农牧）厅（委、局），新疆生产建设兵团农业农村局，黑龙江省农垦总局。

《全国草地贪夜蛾防控方案》附有草地贪夜蛾测报调查规范、草地贪夜蛾防治技术要求、草地贪夜蛾应急防治用药推荐名单，指导各地进一步明确目标任务，压实属地防控责任，确保监测防控措施落实。

34．2019年4～8月，受相关省份邀请，全国农业技术推广服务中心专家赴全国20个省份开展草地贪夜蛾监测防控技术培训，对地方相关人员了解我国草地贪夜蛾侵入和扩展、发生为害特点、虫态识别特征、生物学习性、发生为害规律、监测防治技术起到很大指导作用。

35．2019年6月17日，全国草地贪夜蛾发生防治信息调度平台正式启用，基本实现虫情网上填报、自动汇总、图形化展示和实时共享等功能。截至2019年8月8日，该平台已积累820 235项数据，为各级农业农村部门准确掌握害虫发生发展动态、提高“挂图作战”能力提供重要信息支撑。

36．2019年6月23日，全国农业技术推广服务中心印发《关于加强草地贪夜蛾监测预警能力建设的通知》（农技植保〔2019〕45号），要求各地增加监测网点、安置监测装备、配齐测报人员，全面开展普查、严密监测虫情动态、严格信息报送，并强调加强组织领导、保障工作经费、建立长效机制，切实做到虫情早发现、早报告、早预警，为科学防控提供信息支撑。

37．2019年6月下旬，全国农业技术推广服务中心作为技术支持单位参加由中央农业广播电视学校拍摄的《草地贪夜蛾发生危害与防治技术》节目。其中有杨普云研究员在云南实地讲授上线的14min版本，姜玉英、杨普云、张礼生研究员讲授的43.5min版本，分别于6月下旬和7月中旬在云上智农APP、中国农技推广APP、天天学农APP、一亩田APP等多个涉农平台推送上线。农业农村部科技教育司要求在7月以后所有农技推广活动和农民教育培训班都必须播放此教学片，方式是集中组织收看。目前仅云上智农APP一个平台的观看量就有30多万，合计点击量达数百万。

38．2019年6～8月，农业农村部种植业管理司和全国农业技术推广服务中心领导和专家，分别赴云南、广西、河南、湖南、山东、甘肃、河北等地，实地调查了解草地贪夜蛾发生和监测防控工作落实情况，指导各地加强监测防控，督促地方落实防控资金，推进秋粮重大病虫防控工作。

39．2019年7月22～24日，全国农业技术推广服务中心在甘肃省兰州市召开了玉米中后期病虫害发生趋势会商会，全面分析上半年草地贪夜蛾发生情况，研判分析下一步发生趋势。会议要求各级测报人员在思想和行动上不能有丝毫懈怠和放松，继续加密布局监测网点，应用灯诱、性诱等有效监测工具，及时全面掌握虫情发生动态，准确发布短期预报，认真落实虫情报告制度，为部门决策提供重要信息。

40．2019年9月17日，农业农村部召开新闻发布会，介绍草地贪夜蛾防控工作的有关情况。农业农村部种植业管理司司长潘文博、副司长朱恩林及全国农业技术推广服务中心党委书记、副主任魏启文介绍有关情况并回答记者提问。据介绍，2019年全国有25个省份发现草地贪夜蛾，见虫面积100多万hm^2，实际为害面积16.4万hm^2。西南、华南地区呈片状发生，江淮、黄淮海、西北地区点状见虫，东北地区未见虫。为害主要集中在西南等地，产量损失控制在5%以内，黄淮海等玉米主产区未造成损失，实现了防虫害、稳秋粮的目标。潘文博表示，目前，南方玉米大面积收获，北方玉米灌浆成熟即将收获，草地贪夜蛾为害期已过，草地贪夜蛾对玉米主产区的威胁全面解除。魏启文介绍，在草地贪夜蛾防控过程中，坚持边防控、边摸索、边研究。农业农村部组建了草地贪夜蛾防控专家组，该专家组由中国工程院院士、中国农业科学院副院长吴孔明牵头，组织教学、科研、技术推广等优势单位，分了五个专题小组，重点对草地贪夜蛾的生物学特性、监测预警、科学用药、生物防治、综合治理等进行研究。